U0608995

Have
a Bright Future

努力，
让你自带光芒
无限风光

墨 香 ◎著

古吴轩出版社

中国·苏州

图书在版编目（CIP）数据

努力，让你自带光芒无限风光 / 墨香著. —苏州：
古吴轩出版社，2016.7（2018.10重印）
ISBN 978-7-5546-0677-3

Ⅰ.①努… Ⅱ.①墨… Ⅲ.①成功心理—通俗读物
Ⅳ.①B848.4-49

中国版本图书馆 CIP 数据核字（2016）第 081876 号

责任编辑：蒋丽华
策　　划：孙倩茹
封面设计：胡椒设计

书　　名：努力，让你自带光芒无限风光
著　　者：墨香
出版发行：古吴轩出版社
地址：苏州市十梓街458号　　　　　邮编：215006
Http：//www.guwuxuancbs.com　　E-mail：gwxcbs@126.com
电话：0512-65233679　　　　　　传真：0512-65220750
出 版 人：钱经纬
经　　销：新华书店
印　　刷：河北鑫兆源印刷有限公司
开　　本：900×1270 1 / 32
印　　张：8.5
版　　次：2016年7月第1版
印　　次：2018年10月第2次印刷
书　　号：ISBN 978-7-5546-0677-3
定　　价：35.00元

如发现印装质量问题，影响阅读，请与印刷厂联系调换。0312-2806333

努力和效果之间，永远有这样一段距离。成功和失败的唯一区别是，你能不能坚持挺过这段无法估计的距离。

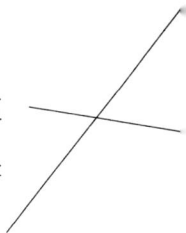

为什么你那么聪明却还没成功？

　　没有人愿意永远只局限在眼前的生活，每一个为梦想而奋不顾身的少年都曾爱过诗与远方。我们都孤独地行走于这人世间，赌上了青春，拼命奔跑，跋涉千里，一路披荆斩棘，就是想让自己摆脱无能为力的现状，为了对得起儿时的野心，为了日后能充满底气，能够傲然站在对的人身边，能够毫无顾忌地过着自由任性的生活。

　　深受固有思维的影响，你一直以为只要天资卓越，才华过人，成功就不难，那些美好的未来对于聪明人来说简直唾手可得。可事实并不尽然，有时候结果会完全颠覆你的想象，很多看到了诗与远方的人并不像人们想象的那样聪明绝顶，有些人甚至显得资质平平，而你那么聪明却依然只有眼前的苟且。他们一跃而就，你却迷失途中。

很多被你看成资质平庸的人都一个个走向成功了，而才华横溢的你却一直在原地徘徊。你开始心急如焚，百思不得其解：为什么越是聪明人越很难到达诗与远方？你也那么虔诚地去追求梦想了，为什么却还是不成功？

在你看来一个人只有在智商和能力都拼不过别人的时候才无奈地去选择努力。面对这个世界，你总觉得会有更多的机会走向成功，而他们却只能拼命努力。聪明人应该随时都知道怎么走捷径，想办法做到事半功倍，而不是夜以继日、废寝忘食地拼命苦干。你不屑于与他们为伍。你认为聪明人应该以智取胜，靠拼智商得来的成果才真正令人感到自豪。相比而言，靠努力求得的成功，总是给人一种落后于人的感觉。

其实一个人是不是能走向成功，关键并不在于他是否聪明，最终能决定一个人走向成功的往往都是与智商无关的东西。梦想就像爱情，相爱容易，难在永远。梦想不能是一时的心血来潮，也不能光有满腔热血，它真正需要的是你的坚持到底，是永远不懈地追求。那才是决定你成败的根本。

时间很瘦，指缝太宽，唯那些一直努力着的人自带光芒，不辜负美好时光。

当你跨越了千山万水，经过无数次翻山越岭之后才会明白，原来我们都被表象的认识蒙蔽了，努力并不是你想象中那种低智商行为，它不是一个单纯的态度，更不是简单的坚持，而是一个非常系统化的能力。不是简简单单说做就做的。它需要你有很好的执行力、很强的自控力，让想法以最快的速度落实，让你的满足感推迟，不受外界干扰，专注地做事。这些并非一朝一夕就能具备的素质，是要经过你对这个世界不断地试探，与它不断地磨合，在这个漫长的过程中一点一滴地培养和固化的。

我们平凡又普通，我们不是天才，今天我们所具备的一切能力多是自己勤奋努力的结果，任何一个有成就的人，都必须经过长时间的训练和工作，艰苦奋斗之后才可能有成就，这是普遍存在的情况。不要因为聪明就傲娇，因为聪明就恃才傲物，不要总觉得什么事都难不倒自己，至少你还没有学会如何努力。要学会潜心钻研，面对生活的困境、人生的坎坷，你都要坚强地挺过去。只有让自己学会努力，梦想才有可能照进现实。

你与终点之间隔着漫漫长路，中间会有万千阻碍，你又何时能把它走完？

在这个物欲横流、瞬息万变的世界里，你要让自己成为一个不可变量，就像书里写到的那些人，他们专注地沿着自己梦想的方向不停地往前走，直到铁鞋踏破，直到梦想到手。你要学会给自己点起明灯，迷茫时，照亮迷雾般的前程；让自己永远保持开放的心态，失败时，吸纳批评和建议，要有随时都可以复盘的勇气；在变化中建立你与世界之间的平衡，掌握时机，决定何时变化，何时坚持，让自己永远适合于周围的环境。

"人的生活方式有两种，第一种方式是像草一样活着，你尽管活着，每年还在成长，但是你毕竟是一棵草，你吸收雨露阳光，但是长不大。人们可以踩过你，但是人们不会因为你的痛苦，而让他产生痛苦；人们不会因为你被踩了，而来怜悯你，因为人们本身就没有看到你。所以我们每一个人，都应该像树一样成长。"俞敏洪送给千万年轻读者的金句，在此也送给正在拼搏中的你。

迷茫的时候停下来，花时间看看这些文字。如果你在适合的时候恰用正确的方式打开本书，你将看到36种颠覆命运、翻转人生的传奇，他们都是用自己的方式活成一棵树而不是任人踩踏的小草的人。他们通过矢志不渝的努力，让糟糕的人生华丽逆袭。他们在这世界的另一个角落里，默默地为梦想而坚持着，为生存而艰苦奋斗着。他们很多都不如你聪明，不如你幸福，可他们却一直在努力，用青春赌出了一个绝美的明天，用热情换来了世界的笑脸。

为什么你那么聪明却还没有成功，也许读完他们的故事你再也不会有这样的疑问。

目 录
CONTENTS

第一章　努力，是每一个优秀的人的选择

一个真正优秀人的特质来自于你的内心想要变得更加
的优秀的那种强烈的渴望和对生命追求的火热的激情。

——俞敏洪

第二章 正确的人到来之前，你要好好爱自己

在一开始，我们就应该学会好好爱自己。而不是等到最后，发现没有人可以爱了，才决定要好好爱自己。

——顾漫

第三章　你凭什么过上你想要的生活

人生自有其沉浮，每个人都应该学会忍受生活中属于自己的一份悲伤，只有这样，你才能体会到什么叫作成功。

——李嘉诚

第四章　你的选择决定你的人生

不是世界选择了你，是你选择了这个世界。

——丰子恺

第五章　用努力，撑起你的野心

在你的才华还无法跟上你的野心时，就静下心来努力。

——卢思浩

第一章

努力，是每一个优秀的人的选择

一个真正优秀人的特质来自于你的内心想要变得更加的优秀的那种强烈的渴望和对生命追求的火热的激情。

——俞敏洪

努力，才有选择的余地

你不努力，永远不会有人对你公平，只有你努力了，有了资源，有了话语权以后，你才可能为自己争取公平的机会。

——俞敏洪

收拾旧物时，我无意间翻出一张阿媛十年前寄给我的照片——十七岁的她穿着素色的裙子，在某个陌生城市的小角落里青涩地微笑着。

当年我为求学去了外地，而阿媛留在了老家读书。快放寒假时，我收到了她的来信，信封上显示的发信地址是河南。她刚入学没几天就辍学了，我疑惑不已，看过信之后才明白，原因是没钱交学费，只能被劝退。

以阿媛家里的条件，她不至于因交不起学费而辍学，我怕她伤心，所以在信中没敢多问。上中学时她曾是我们学校最优秀的女孩儿，比任何人都渴望上大学，可我没想到，她竟会如此突兀地离开课堂。

她在信中跟我说，到了河南她唯一的落脚点就是一个小饭馆，父亲只给她扔下五块钱，从那以后就再也没管过她。

当时的餐馆服务员月薪只有300元，那段日子她过得很艰辛。她才十七岁，以前在家里虽然不是娇生惯养的大小姐，可毕竟不用吃苦。曾经幸福的生活转眼间就成了过去式，取而代之的是每天洗不完的餐具，擦不完的桌子，扫不完的地，搬不完的蔬菜和粮油，还有老板不断的斥责，厨师与食客们的调笑和欺辱……

"前几天后厨有人请假了，人手不够用，他们便随手拽了我去帮忙，让我切菜。我刀功不好，大厨就开始辱骂我，声音简直要掀翻房顶，我又急又怕，结果把手给切了。根本没人过来关心我，我只好用系面粉袋的旧布条包扎了手指上的伤……"

看完这些话，内心好像被什么狠狠地敲了一下，我似乎能看到她又急又怕的神情和鼻尖上滴落的汗珠。

"手指上生满了冻疮，因洗碗时沾了脏水发炎了，疼得钻心。宿舍里有人打呼噜，吵得人完全睡不着……"

一滴眼泪打湿了手里的信纸，我擦了擦眼睛，看着同学帮忙带回来的午餐却毫无食欲。

"今天好冷啊，我在餐馆后门外洗餐具，手冻得都没有知觉了。又来了例假，腰也好疼，一会儿蹲一会儿坐，不管换什么姿势都觉得难受。我想哭，可是哭给谁看？老板和大厨都凶得要命，手脚稍慢一点我就又要挨骂了……"

对于阿媛的遭遇，我心痛不已，信还没看完就已哭得喘不上气儿。

那天下午，我破天荒地没有认真听课，在课堂上给阿媛写回信。我知道，我们彼此间的牵挂和思念只能依靠这张信纸来传递，所以那封回信我写了很长很长，整整用了七页纸，字字心酸，句句是泪。

刚一放寒假，我就迫不及待地赶回了老家，出了车站就直奔阿媛家。

她的房间变成了杂货铺，我们曾在上面玩闹的小木床被搬走了，房间里横七竖八地塞满了杂物，满是灰尘。

"唉，我也是没办法，那妮子也不知道怎么了，跟他爸三天一小吵，五天一大吵，闹得家里鸡犬不宁的。"阿媛的妈妈一边说，一边用剪刀裁剪着阿媛曾经穿过的衣服，打算全部剪成鞋样，用来给儿子做千层底布鞋。

她说儿子不爱穿买来的运动鞋，就喜欢她亲手做的布鞋。此事令她颇显得意。

"到底出了什么问题？你们为什么要吵架？"我满是不解地问。

"不让她上学呗。"她两手一扬，"嘶"的一声，瞬间把一条粉色裙子撕成两半，我顿时觉得回忆被刺了一个洞。那曾是阿媛最喜欢的裙子，她穿起来，像洋娃娃一样漂亮、可爱。

"一个女孩子家，反正养大了也是嫁到别家做媳妇儿，早晚不是要围着锅台转吗？上个中学能算数、认字就够用了。我儿子眼看就要上中学了，用钱的地方更多，早点让她出去打工挣钱是正经事。就为了这，她天天跟我们吵，闹得全家不得安生，差点气死她爸。"

看着阿媛的衣服，被她撕成一条一绺的，我心里愤恨至极。终究是有心无力，我没能为她打抱不平。

那个女人放下手里的活，下厨去做了凉粉——阿媛最喜欢的小吃。她极力挽留我吃饭，就是为了让我多劝劝阿媛，别再和家里置气。我没答应，从阿媛家出来，我看到了门外的桑树，想起小时候的我们，常常爬到树上吃桑葚，一个个都弄成小花脸，然后互相指着对方，笑作一团。那些日子，永远都回不去了。

开学后我给阿媛写了几封信，很久才收到回信。她在信里说因为每天很晚才下班，实在太忙太累，连拿笔的力气都没有了。

"春节时我把平时省下的钱都寄回家了，爸妈挺高兴，所以让家在河南的姑姑过来看了我。我真的好想家，也好渴望亲情，可是我爸不让我回家，因为春节期间客人多，人手少，上班有加班费。我差点累死过去，根本没有空闲和力气给你写信了。"

我一时间不知如何回她，因为心疼她，因为愤恨那个不心疼她的父亲。

过了一个多月，阿媛来信说："我实在忍无可忍了，他们太欺负人。想辞职，彻底离开这里，可老板故意刁难，扣押我本月工资。此时我只想回家。我爸坚决不同意，不管怎么样，我也是他女儿，回到家他们总不会把我赶出去吧。你今年暑假回来就能见着我了，开心吧！"我看到信纸上满是泪痕。

开心，我真开心，开心得涕泪齐下。

事情并没有我们想的那么乐观，她再次来信，我有一种不祥的预感。

她在信中说，这次真的回家了，可又被父母赶回了河南。父母不允许她在家里吃闲饭，也不允许她在老家打工，因为老家的薪资太低，挣不到钱。她好不容易省吃俭用攒下的钱全部留在了家里，回去时只带了路费。

原先的餐馆回不去了，后来去了一家超市做烟酒柜台的售货员，超市不提供宿舍，她租了一间小得只能放下一张床的房间。不过这次上班的地方离姑姑家比较近，虽然与她感情一般，可毕竟是血缘之亲，总比一个人孤苦伶仃的好。

"我不想一直这样，总不能一辈子都混日子吧，我打算自学英语和会计。"

我抱着信一边笑一边流眼泪。以前在学校，全年级第一永远都是阿媛。只要她肯做，就一定会成功。

从那以后，我很久都没收到她的信，给她寄过几封信，也都石沉大海了。

一年后，我收到了她从北京寄来的信："之前在河南的时候我打算自学，可被我姑姑骂得好惨。她怨我把做兼职的时间拿来学习，怨我花钱买书，不往家里寄钱。被她几番阻挠之后，我突然明白，一定要逃离他们的阴影，才能有属于自己的人生。身后没有任何依靠的我必须得为自己打算。后来，我一个人来了北京，我相信一定会闯出属于自己的一片天。"

从那以后，我们往返的信件越来越少，每封信相隔的时间也越来越长。阿媛很忙，她几乎每天都通宵学习，白天又要上班工作。那期间，阿媛考取了会计证，进了一家公司做财务，收入渐渐地开始好了起来。

又过了几年，阿媛告诉我，她在学习装修设计，所以她更忙了。白天跑客户，量户型；晚上通宵做设计，画图纸。

她几次都累到病倒，身边却连陪她上医院的人都没有。我心疼她，叫她不要接那么多单。她说："介绍生意的都是愿意帮我的朋友，看中的就是我的勤谨和负责，我不努力，下次再有单子，人家还会给我吗？"

那年回家，我又遇见了阿媛的妈妈，她带着很粗的金链子，向人们炫耀，说有个会挣钱的女儿，比什么都好。

我扭过头去装作没看见她。

前不久，我在朋友圈里看到阿媛发的照片，上面是她刚刚创办起来的公司。她说创业初期虽然艰苦，但一切都在往好的方向发展。这些年的拼搏，终究没有白费。

我翻出她最近发的一张自拍照——她化的妆很精致，穿着也很讲究。拿十年前的照片放在旁边比较，现在的她依旧美丽，只是当年的青涩早已不见，取而代之的是一份令人赏心悦目的自信与优雅。

十年的成长，十年的艰辛磨难，让她成了更好的自己。为自己而活，为信仰不懈，为一切美好的生活付出最大的努力。每个人都会有生活的局限，真正的强者并非没有眼泪，而是含着眼泪依然不顾一切地向前奔跑。

你坐拥一切，而有些人还要拼了命地努力，才能换来和你同等水平的生活。你没有理由不去努力，没有理由再对生活挑三拣四。

拼尽全力的努力与忍耐，才换来世界的温柔相待

世界上什么事都可以发生，就是不会发生不劳而获的事。那些随波逐流、墨守成规的人，我不屑一顾。

——洛克菲勒

秦老师的一项关于污水处理技术的研究，获得了国际大奖，这个奖非常有分量。即将出国的他这几天正在和同事们办理交接，并为写演讲报告搜集资料。

离开之前，他给毕业班的学生们上了最后一课："其实，我之所以能走到今天，仅仅是因为当年的一份不甘心。"

秦老师出生于地处偏远的贫困山村，不足百人的小村落被茫茫大山重重环绕，整个村子几乎没有人走出过大山。男人之中只

有极少数受过最基础的教育，村里的女人都是文盲。

秦老师的父母没有半点文化，他们过着最古老的农耕生活，平静却极度贫困，生下秦老师的时候，给他取名羊羊，希望他能像羊一样好养活。

山里人爱羊，因为羊好养活，他们的主要经济来源就是家里的那圈羊。满山遍野的青草跟山间小河里的水，他们完全不用付出额外的成本。羊养大后，羊皮、羊毛、羊肉可以卖出不错的价钱，而且养羊也不用费太多心思和精力，只要把羊赶到草地上，放羊的人想睡觉就躺着睡觉，想发呆就发呆，如果是几个人一同放羊正好可以结个伴侃天侃地。

山里人没什么见识，侃来侃去也不过是吹自己在家里多厉害，把媳妇儿治得多么服帖；今年地里打了多少小麦，种了几亩玉米；东家的孩子捣蛋偷摘西家的枣子被抓，屁股被打开了花；王家的小子在高粱地里睡了李家的小媳妇儿……

如此种种。

从会走路起，羊羊就跟着爷爷学放羊了。每天后晌，赶着一圈羊上山，爷爷拿出自己舍不得吃的水果糖或白面馒头，喂羊羊——家里很穷，一年到头没几天能吃得上白面，仅有的一点点也都紧着给家里最年长的老人吃。

水果糖很甜，白面馒头很香，羊羊总是狼吞虎咽，爷爷坐在一旁慈祥地笑着，偶尔咽咽口水。

秦老师说起童年往事的时候，眼里泛着泪光。

他七岁时，爷爷做主送他上了学。学校离家很远，每天早晨四点钟就要起床。家里没有表，爷爷不用表也能把时间掐得很准，所以羊羊每天和爷爷一起睡，早晨由爷爷叫他起床。书包是用破布片拼成的，里面装上两个窝头。没有手电，羊羊只能摸着黑往学校赶，好在那都是从小走熟了的路，不至于掉到深沟里——山里有很多天坑，深不见底，掉下去就爬不出来。

路上还要蹚水过五条河，山里的孩子没有可以防水的雨鞋，只能脱了鞋蹚过去，然后用衣襟擦干脚再穿上。到了冬天还好，河面上结了冰，可以直接走过去。可有时候冰面冻得不够结实，走到河中心冰就塌了。棉花填充的鞋会吸饱了寒冷的水，脚被冻得钻心疼，走起路来也重得要命。等到了学校，棉鞋早已冻成了两个大大的冰坨子。

即使这样，他也非常开心，因为他喜欢学知识，喜欢那些同龄的伙伴。

更重要的是，他从书本上看到了另一个世界，一个陌生而美好的世界。

通过插画他了解到，原来世界上还有一层摞一层的房子；有平坦干净的大马路；有带着人到处跑的汽车，让人舒舒服服地坐在里面；除了泥巴还有那么多漂亮有趣的玩具……

羊羊的成绩一直很好，可是，初中刚毕业，父母就不想让他上学了。孩子能识得几个字他们就很满足了，没必要再给学校"白交钱"，况且上完了初中的羊羊已经是村里读书最多的孩子。

"这双手迟早是要握锄头的，用不着会写字，还不如回家放羊、种地来得实在。"

那时候爷爷已经过世了，再也没有人支持羊羊上学了，他抗争了很久，最终还是败给了父母。

万般无奈下，羊羊只能向命运低头，他扔下了书本，重新拿起了放羊的鞭子，只是身边再也没有了爷爷的陪伴和他藏下来的好吃的。

如果从一开始他就没有上过学，没有从课本上看到过另一个美好而又新奇的世界，他可能真的就这样认命了，和别的孩子一样放羊、打滚、上树掏鸟、下河捞鱼，面朝黄土背朝天，就这样浑浑噩噩地过一辈子。

可他上过学了，已经知道了山外的美好。他无法再平静地坐在山坡上，整日面对一群低头吃草的羊和一群无知的人。他们不识唐诗宋词，不懂得数学、物理，他和他们简直无话可说。孤独和巨大的失落感让他无法忍受。他幻想青山外面的世界，平坦的马路，层层叠起来的房子。这些都与他远隔千里。眼前这片养育他的青山成了他最大的障碍。他知道，一定还有很多风景是他想象不到的。羊羊不甘心，真的不甘心，他太向往大山外面的世界了。

失学的羊羊，就像一个习惯了光明的人，突然陷入了黑暗。巨大的落差让他内心很痛苦，整日忍受着痛苦的灼烧，年轻的心怎么能承受得住。

他再一次向父母提出上学的事，结果还是失败，父母依旧不同意供他上学，家里所有的收益都在父亲手里，羊羊一分钱也见不到。

尽管如此，他还是想办法找了一套几乎要被翻烂了的高中课本，从此开始自学。

有一次，他只顾着坐在山坡上看书，直到天黑时才发现有两只羊不见了，全家找了一夜也没找到。

父亲发怒了，狠狠抽了他一顿鞭子，扔了他所有的书。他捡回来，又再一次被扔出去。父亲扬言："再敢把那些没用的破烂捡回来，老子就直接给你塞进坑洞里烧了！"

后来羊羊把他最珍贵的书藏在了一个破旧无主的窑洞里，窑洞几乎快要塌了。白天他随父母干农活、放羊,夜晚他就到窑洞里学习,窑洞里没有电,他就自制了煤油灯,煤油是大伯给的。

那段日子,他穿着破烂不堪的衣服,嚼着难以下咽的窝头;白天,在窗台上读书,夜里就着昏暗的煤油灯写字。除了课本他再没有别的资料,所以课本里的知识他早已熟烂于心。那些快要烂掉的书,被他用报纸裹着。

有一天,蓬头垢面的羊羊正趴在破烂的窑洞里学习,浑身都是土,被路过窑洞的大伯见到了。

大伯实在看不过去,对他说:"孩子,大伯供你上学。"

羊羊简直不敢相信。

对于一个贫困山区的人来说,供一个孩子读书是一件非常艰难的事。

善良的大伯拿出多年的积蓄,带他去学校报了名。他从来没有放弃学习,所以成绩很好。羊羊没有辜负大伯的苦心,高中毕业后考上了师范大学。

上大学的钱,大伯已经无力支付,他只能利用课余时间和寒暑假在外面打工赚钱供自己读书。虽然艰苦,可比起在窑洞里自学的日子,这些都不算什么。

他不愿意家乡的孩子永远重复父辈的无知,过那种无望的生活。

这便是后来的秦老师了。在当地，教师这个职业非常受人尊重，父母的腰板也挺直了。工作稳定后，父母开始催他结婚生子。他们觉得，有这样一份稳定的工资，再娶个媳妇，生个娃，闲暇时打打麻将，喝喝小酒，平平淡淡的一辈子也就够了，没必要再费劲地折腾。

秦老师是个从来都不容易满足的人，一辈子只做教书先生他不甘心，所以从未放弃学习。几年后，他开始钻研污水处理技术。

十年来，他对待工作尽职尽责，他带过的每一届学生都是学校里成绩最优秀的。工作之余，他也从未放松过学术研究，宿舍的灯，几乎一年到头都是通宵地亮着。

从摸着黑爬山蹚河地上学，到自赚学费上大学，再到毕业后回学校教书，以及后来的学术研究结出丰硕的果实。秦老师的每一次进步，每一次提升，每一份成就，都只是来自当初的那一份不甘心。

落泪之前的转身，是如此的不甘心。人生路，就是这样，只有用艰苦卓绝的脚步踏过今天，才能换来硕果累累的明天。被命运左右的人最后只能受命运的摆布，从不妥协的人开始会吃很多苦，可最终却能成为自己命运的主人。

如果你不抽出时间来创造生活，那就不得不花费大量的时间来应付生活。为了能有属于自己的人生，哪怕是简单的也好，拼命努力是一个平凡人唯一的选择。苦一点真的没有关系。

你想要的，别人凭什么说给就给

我可以接受失败，但绝对不能接受未奋斗过的自己。

——宫崎骏

我在人流密集的地方开了一家小店，每天人来人往，除了顾客，最常见的是乞讨者。他们有的是装可怜，有的是说吉祥话，你不施舍，他们就一直赖在店里不走，像苍蝇一样吵得人不得安宁，顾客看到都不愿意进来。我实在没办法，只好花几块钱打发他们走。

今天早晨，一位大爷进来买东西，我正要和他打招呼，一个乞讨者走进来。我装作没看见，以为他会自觉离开。可没想到，我越是不理会他，他越是得寸进尺，站在店里滔滔不绝地重复着说自己有多悲惨。他说好几天没吃饭了，我今天若不发发善心，他就算不冻死也要饿死了。

听着他说这些我差点就信了，抬头一看——原来是个二十多岁的小伙子，看上去还挺精壮。顿时心生愤恨，冷冷地回了他一句："出门右拐不远的地方，正在建一座商城，搬一天砖一百元，管吃不管住。"

他被我的话噎住了，满嘴的可怜再也抖不出来，狠狠地瞪了我一眼便转身出去。看着他腿脚麻利地窜进了对面的一家商铺，我不屑至极："好手好脚的，干点什么不好？"

那位老大爷还没离开，摇摇头说："我这七十多岁了，都不好意思伸手向别人讨要什么，这么年轻的小伙子倒讨得理直气壮。"

下午，我们正坐在一起喝茶，爸爸来了。刚好在这个时候，店里又来了一位乞讨者，穿着大红戏袍，一副新科状元的装扮，上来就抱拳鞠躬："新年敬财神啦，恭喜发财。"

看起来不过二十多岁，身材很瘦小，肥大的戏袍穿在他身上空空荡荡的，还有一大截拖在地上，沾满了土。

我爸一口茶喷在地上，指着他，边笑边说："你见过哪家的财神是你这样的？"

他仍然满脸堆笑："添个彩头，讨个吉利嘛！"

我虽然觉得好笑，可还是暗自皱眉——这么年轻，不去学点谋生之技，偏偏想不劳而获，愤怒地摆了摆手示意他出去："我不信神，谁信你找谁去。"

"财神"一点也不恼怒，依然笑嘻嘻，大摇大摆地出去了。

我转过头，半开玩笑地问我爸："人家一天的收入远远要超过我们，只要伸手就来钱，轻轻松松就成富人了，我们这么辛苦又是何必呢？"

"给你这双手，要是用来伸手讨饭的，那还不如剁了去。"爸爸低头品茶，都没抬眼看我。

我吐吐舌头，扮个鬼脸就去忙了。

在这座城市里，几乎每个角落都有乞讨者，已经司空见惯了，大部分乞讨者都是健全人。他们八仙过海各显神通，讨要方式五花八门，并且还在不断地与时俱进中。以前那种扮可怜的手段算是最初级的了。

比如，一个穿着体面、面色红润的人，向众人谎称自己钱包被偷，求路人给点盘缠钱；一个十多岁的学生，在路边上摆一堆证件，说自己考上大学却无力支付学费，求路人施舍以付学费；还有人在脖子上挂一打病历，谎称配偶，或者父母、孩子病重无钱治疗，求人救援；等等。

面对乞讨者，我也不忍心怀疑他们，有的人也许是真的陷入困境。可这种骗局太多，已经让人难辨真假。很多人根本就是四肢不勤，只想靠消费别人的善良和同情活着，我觉得这样的人很可耻。

现实中以这类"乞讨"为生的人，并不少见。生活中还有一部分人，他们的行为同行乞的人没有两样，只是"乞讨"方式不再是直接伸手要钱而是变得更婉转了，我觉得一样可耻。

大到以公益慈善为名，私吞财物，小到学生考试作弊、抄作业。从本质上来说，无一不可称之为"乞讨"。

他们的手脚、头脑，不是用来创造价值的，而仅仅是当成摆设，真是枉费了父母的苦心。

他们都有这样的想法：你有，而我没有；你会，而我不会，那你就欠了我的，就得无偿地给我。你不给，我就对你进行道德绑架。

很多人不忍拒绝是因为一旦拒绝他们，自私、冷血、清高、孤傲、不近人情、不讲情面等等指责就会纷至沓来。现实中，没有几个人能受得住千夫所指，大多数人最后只有妥协，去施舍，将自己的血汗钱无偿地"奉献"出去。

对待自己的生活，每个人都该有清醒的认识，对待人生都该有清醒的规划，不能一味地踩别人的脚印前行。毕竟每个人的境遇不同，只是模仿别人，就算你学得再像，也终究成不了他。

不去思考，不去实践，不去创造，只知道沿袭他人的研究成果，即使你仿制得再相似、再精美，你也只能被称为"山寨货"或"水货"，永远都上不了台面，只能隐藏在别人的光芒之下苟且偷生。

我相信，对于任何人，不管是大人物还是小人物，能够靠自己的双手赚到满足自己生存的资本，都将是一种莫大的荣耀。

我曾经加入过两个写作群，群里经常有新人问某杂志收稿都有哪些要求，包括文字风格、字数限制、收稿邮箱、邮件格式、稿酬发放时间、编辑的审稿时长等等，甚至还有人问什么样的稿子能让编辑喜欢……

诸如此类的问题，我通常直接告诉他们：网上一搜一大堆。

大多数杂志在网上都会发布约稿信息，对于上述问题也都会有很详细的描述。为什么就非得到处找人去问，自己不肯花点心思去找官方资料呢？难道不怕别人告诉你的都是错的吗？况且，别人也没那个义务和闲工夫替你答疑解惑。

我的家乡有句俚语："旁人教的曲儿唱不上去。"

与其低声下气地去"乞讨"，整天巴望着不劳而获，不如静下心，去追求一份属于自己的人生，谱一曲属于自己的曲子。

人生价值都是自己创造的，自我价值的实现是对生命的礼赞。所以，每个想要通过自己的努力而获得成功的人都是值得骄傲的，因为那是一种荣耀。

有手有脚却不肯用，只当摆设，那是最大的耻辱，还真不如我爸所说的："剁了去，省得累赘。"

你的种种努力，是为了让自己满意

对生活不满，对人生不满，对自己不满，那就努力成为一个让自己满意的人。

——程浩

正逢业务旺季，大家白天忙得脚不沾地，晚上还要加班整理资料、制作报表。已经是夜里十点了，业务部依然灯火通明。

同事小李刚到公司不久，站在打印机前，一边整理刚刚打印好的文件，一边哀叹："唉，以为离开学校就能干一番大事业，可现在整天做着这种微不足道的工作，过的是什么日子哟，都快累成狗了。真是心比天高，命比纸薄。"

正从她身边经过的姚经理一个爆栗弹在她脑门上，笑呵呵地说："小孩子家家的，胡说什么呢？才多大就敢说命比纸薄，本来不薄的命都要被你自己给吆喝薄了。"

她转过身对大家说："大家尽快把手头的事做完，半小时之后我请大家吃夜宵。"

姚经理今年四十多了，可在她身上几乎看不到任何岁月的痕迹，她装扮入时，脸上随时随地都带着乐观的笑容。作为上司，她也没什么架子，时常跟这些年轻的业务员们打成一片。

我们很少见她有不开心的时候。不管多忙，她都没有抱怨过，遇到再大的麻烦，她都能气定神闲地去面对，好像天大的困难到她那都只是平常的小事。她永远都是朝气蓬勃、活力四射，与之相比，新来的实习生却显得老态龙钟了。

我们来到一家成都的小吃店，老板与姚经理很熟，所以不急着打烊，帮我们上了菜，自己就坐在一边看电视。

姚经理是成都人，常到这里来，也经常带我们来，她的说法是："一到这里就什么都想吃，可肚子又没那么大，点得少了馋得不行，点得多了吃不完又浪费，还不如带你们大家一起来，点上一大桌，吃着才过瘾。"

她就是这样一个人，对我们总是关照有加，不仅善良体贴，还深谙为人处世之道。她的处世哲学就是"好施舍的，必得丰裕；

滋润人的，必得滋润"。也就是说，她的施舍从来不会让人有被施舍的感觉。

那天，大家在一起吃宵夜，她跟我们讲了一个故事。

姚经理全名"姚秋菊"。

"很土是不是？"她笑着问我们，然后又叹气地说："没办法，父母都不是什么文化人，没给我取个名字叫泥蛋儿就不错了。"

其实，秋菊小时候家境也不错，基本不愁温饱。父母都是配件厂的普通工人，在当时是国有企业。虽然父母都是厂里的基层员工，工资很低，可毕竟都是铁饭碗。两人没什么文化，只能一辈子在生产线上吃苦，从来没有机会升迁，薪水自然也没怎么涨过。

家里兄妹三人，秋菊是最小的，也是最有出息的，只有她一个人考上了大学。全家都靠着父母微薄的薪水养家，原本生活就不富裕的家庭变得捉襟见肘。对此，姐姐和弟弟颇有微词，他们认为是父母把过多的收入花在了秋菊身上，所以才降低了家庭生活水平。

面对这些报怨，秋菊向来充耳不闻，只管一心一意地读书学习。

毕业后不少同学选择出国留学，秋菊也想出国。可留学的费用对于他们来说简直是天文数字，父母能供秋菊到大学毕业已经是竭尽全力了，如今好不容易等到她毕业，终于能松口气了，她又要出国，这件事遭到了所有人的反对。

他们告诉秋菊："你还是打消这个念头吧，想都不要再想了。"

大哥用很不屑的语气跟她说："你不要总想着跟你那些同学比，他们家里有钱，出国留学就像玩一样，在国外折腾几年玩儿够了，回家就能接管家业当老板了，你呢？学那么多有啥子用处？咱这种出身的小老百姓，还是学门手艺来得实在。你当初要是不上大学，跟着我和你姐学手艺干活，现在赚的钱恐怕比你上大学花掉的钱还多。心高气傲的，也不先看看你自己是个什么出身，没长脑子……"

母亲也在旁边叹息："你呀，这就是心比天高，命比纸薄。"

"胡说什么呀？"秋菊跺脚，"我才不会命比纸薄！"说完她转身就跑出了家门。

秋菊最终没能如愿以偿，因为她连飞机票的钱都凑不到。出国留学的梦就此破碎，她只好依着父母的意愿到他们的老厂去上班。当年国有企业对于老职工子女的就业有优先政策，再加上秋菊的学历高，自然不成问题。身边有不少人羡慕她，父母、兄姐更是高兴。秋菊心里并不愿接受安逸的生活，她打算考研。

后来的几年里，她一边工作，一边读研究生。其间亲戚们多次给她介绍对象，但都被她推托了，因为她实在无暇顾及。

被她拒绝的人都是端着铁饭碗的公职人员，不是在事业单位就是企业老板。父母知道后很生气，哥哥姐姐也多次骂她："猪脑子，放着好好的生活不过，非得自己瞎折腾。"

几年以后国有企业开始转型，大批工人下岗，那时父母早就退休了，大哥原本接了父亲的班，却在这次下岗大潮中失业了。家里只剩下秋菊和姐姐在工作。当时很多老职工寻死觅活地不肯下岗，对于姐姐来说，只要能保住工作，她就知足了。可秋菊却不同，原本不在下岗之列，她却主动提出了下岗要求。

秋菊有文凭有能力，她认为，那种"大锅饭"太容易消磨人的意志了。本来就不愿意留在这里，下岗潮是她离开的好时机。

这件事像八级地震，家里人受到了极大的震惊，父母哭天喊地，大哥咆哮数落，一家子闹得天塌地陷。

秋菊很快在一家外贸公司找了工作，也就是现在这家公司。她一做就是十多年，从最初的一个小业务员做起，一直干到业务经理。

放着好好的国有企业中层干部不做，跑到私营企业去做个小小的业务员，这在当时是非常不被人理解的。虽然薪水比之前高了一些，但工作量却是从前的好几倍，每天忙得连吃饭的时间都没有。工作半年下来，原本一百多斤的她瘦到了八十多斤，此后十多年她就一直保持那样的体重，再也没胖过。

小吃店的老板坐在电视前打着盹，姚经理看了他一眼，然后接着说："其实以前的工作是可以维持一份安稳生活的，只是太过于安逸了，没有任何挑战和危机感，原本年纪轻轻的人，却活得跟老年人似的。而且在那种环境下，最高的职位也就是做到厂长或总经理，与其那样还不如自己出来闯一闯。"

"那你在咱们公司做了十多年了，也不过是个业务经理嘛。在这种公司，再努力，位置再高也不过是个打工的。"小李嘴里吃着龙抄手，含糊不清地说，"还不是心比天高，命比……"

我拍了她一巴掌，打断了她的口无遮拦。

"是啊，我目前也就只是个小小的业务经理而已。"对于小李的话姚经理没有丝毫不快，她神秘地一笑，继续说，"不过，这十年我也没有白过，我积累到的经验和人脉资源是以前那份工作根本无法给予的。你怎么知道我只会满足于一个小小的业务经理呢？"

她终究是个不服输的人，不会永远屈居人下。

果不其然，没过几个月，姚经理就辞职了，我们得到消息：姚经理自己另起炉灶，创建了自己的贸易公司。在这十年间，她积累了不少人脉资源，所以公司发展得非常快。

姚经理离开公司的那天，给我们所有人都买了礼物，然后拍着小李的肩膀说："年轻人，只要心比天高，再加上不屈不挠地努力，你的命就不会比纸薄。慢慢儿体会去吧。"

此刻，我忽然想到了古代那些妃嫔，无论受多盛的恩宠，最终也逃不开一个寂寥的结局。皇帝驾崩之后，那些年轻的女人，有子嗣的，除了自己儿子做了皇帝的，可以有个尊荣的晚年，其余通通被迁居到偏僻的宫苑，形同软禁，伴着孤灯了却残生；没有子嗣的就更可怜了，要么殉葬，要么出家为尼。

可这其中偏偏出现了一个异类——武则天。

很多人认为，武氏能再回皇宫做新帝的女人，是得益于李治对她的爱。事实并非这么简单，有权力拥有庞大后宫的皇帝，天下何等美人不可收入怀中？一个武氏，多她不多，少她不少。

当年如果不是跟随先帝潜心学习，如果没有那份超群的智慧，和强大的人格魅力，她凭什么能让新帝对她念念不忘，想尽一切办法接她回宫？

出家之后，她若真是一味消沉颓废，从此不关心世事，当初就算与李治有再多的海誓山盟，最后也都会变成镜花水月。免不了上演一场"多情女子负心汉"的戏码。

当别的女人正在攀比华裳丽妆的时候，她在读史明智；当别的女人心如死灰低头认命的时候，她紧紧抓住一切可能的机会，离开感业寺回到那个权力中心。她心比天高，又极其努力，才会有后来的光辉历程。正是因为不肯向命运认输，她才最终战胜了命运。

　　武氏从来都没有放弃过她对生命的热情，不肯放弃任何成就自己的可能。她在本该绝望时艰苦砥砺，在本该低头认命时养精蓄锐，如此，才成就了后来的女皇武则天。

　　心若比天高，岂能甘于命如纸薄？如果没有那份欲与天公试比高的野心，如果没有抓住一切机会向命运挑战的勇气，历史上就不会有那位女皇帝了。岂能听天由命？人应自强不息，不断在人生旅程中创造奇迹。要么不做，要么就做到最好；既然活着就要活得精彩，活得值得。

有些路走下去会很累，可是不走会后悔

有些路，走的人多了，似乎平坦，而有些路，罕无人迹，充满未知。有些路你不走下去，永远不知道它有多美。

——摩西奶奶

前两天，应一位编辑的要求写了一段作者简介，其中有一句话是这样写的："阳光下每个事物的背后都会有阴影，但我更愿意选择面对阳光，把阴影抛在身后。"

我想，这就是励志的意义。

我从来不在故事中讲人云亦云的大道理，也从来不喊一些看似热血的口号，更不喜欢以励志的名义冠冕堂皇地欺骗别人。我所能做的，唯有从自身出发，在最平常的生活中寻找一些温暖和阳光的东西。

昨天有朋友问我："这是个拼爹的世界，投胎是门技术活，一个出身寒门的人即使努力十年八年，也没有人家出身豪门的人生来就有的多。那么，你写这种励志的东西还有什么意义？"

励志的意义，自然不是吃不到葡萄说葡萄酸，而是不去羡慕别人的富，也不要哀叹别人的穷。

我说："为了告诉投胎不好的人：即使天生命苦，也可以精彩地活下去。"

话虽平常，却是事实。社会资源有限，每个人都在拼命争夺，有人胜利自然就会有人失败。十几亿人口里，也只出了那么一个马云，胜利者永远是少数，大部分人都只能沦为社会底层的群众，而且这剩下的大多数只能共同占用剩下的小部分资源。僧多粥少，竞争自然会激烈。

在这种情况下，我们怎能不努力，以增强自己争夺资源的能力呢？

在动物的世界里，每天都在上演着血腥、惨烈的争斗。它们相互厮杀，只为了争夺食物，为了生存，为了满足这种简单的欲望；而人类的欲望却要胜过动物的千百倍。

所以我们怎么能不磨尖自己的牙齿，强健自己的利爪呢？

当然，人类世界是高度文明的，我们不需要撕咬，不需要以骨头碰骨头的方式去进行角逐，我们排斥低级的暴力。现代文明中人类的竞争是看不见血腥与硝烟的。智慧的大脑、强大的内心以及勤劳的双手，才是我们生存的"利爪"。

说到拼爹，一个会投胎、出身好的豪门子弟会拥有更优越的生活环境和教育环境，更重要的是，他们会拥有更广阔的视野和四通八达的人脉资源。

在相对的环境下，出身寒门的人，即使再努力，也很难挤进上流社会，走进精英的圈子。即使有，也不过是凤毛麟角。出身豪门的人，他们本身就在这个圈子里。一出生就享有优越生活的人，根本无法体会什么是贫瘠的生活；而出身底层的人因为贫寒，因为拥有得太少，所以需要付出更多的努力去成为自己想要成为的人。只有他们才能领会到贫瘠的意义，才能懂得希望的力量。

无论是哪种成功，拿来做对比的都应该是自己的过去与现在。既不能一成不变，更不能每况愈下。

我向来厌恶用"所有人的起跑线都是一样的"这样的话来忽悠人。

就算起跑线是一样的，有人穿着耐克，有人穿着布鞋，有人穿着不合脚的草鞋，还有人光着脚丫子，那奔跑的速度能一样吗？搞不清自己所拥有的资本，看不清自身条件的人是很危险的。那些看起来光鲜亮丽的空话真的是害人不浅。

曾经看过一幅漫画，同样的年轻人，同样的起跑线，但豪门子弟坐着豪车，父母拥有庞大的资源；寒门子弟不仅要依靠自己的双脚去奔跑，还要用破旧的板车，拉着年迈体弱的双亲。

画中的寒门子弟，明知这是一场实力悬殊的比赛，可他能弃赛吗？

答案是不能。

不管他能不能赢得比赛，能不能坚持到终点，他都必须参赛，无可逃避。因为他和父母赖以生存的资源都分布在赛道途中。即便他知道自己赢不了比赛，也得去坚持，那样至少可以争取赛道途中的资源。

人生就像一座大厦，高处资源丰富，视野宽阔；低处背光潮湿，窄小拥挤。

出身好的人身处大厦高层，父母早就为其修好阶梯，只要肯迈开腿，他们就能登上更高楼层。投胎差的人，生下来就身处最底层。父母没有能力为他们修建楼梯，他们只能花更多的时间与精力去学习修建阶梯，这是个艰难且必须要经历的过程。

没有志气的人会埋怨父辈没为自己搭建好阶梯，自暴自弃，甘愿一辈子窝在底层。长此以往,只能在贫贱与无望中混吃等死。只要今天比昨天更好一点,就是进步。不一定非要追求到最好,但都要有追求更好的心态。

投胎好的人有的是另一种悲哀,他们没有机会去尝试从底层爬向高层的经历,人生或许没有自强不息的精神,或许因此少了一份充盈的快乐。

每个人都在努力地向更高层的人生攀爬,不仅因为底层的资源太匮乏,也因为人的心灵都有着追逐的渴望。不要被攀爬时的困境磨去那份最初的渴望。

其实励志真的不只是所谓的心灵鸡汤,也不是激昂的口号,更不是洗脑式的空话大话,而是给生命更多些阳光与希望。

即使再平淡的生活,也要努力过得有滋有味才好。

奋斗，"报复"此刻的一无所有

无论你处于多么卑微的状态，只要你有梦想，就能过上有尊严的生活。

——俞敏洪

"自己挣的，方是真体面"。这句话出自雍正在年羹尧奏折上的批示。

因妹妹封妃，年羹尧上了谢恩折子，雍正为其写下了这样一段话："一切总仗不得。大丈夫汉，自己挣出来的，方是真体面。勉之。"大约是怕这样一个将帅之才，因妹妹封妃的荣宠而失了上进之心，便以此批示来勉励他。

"日子总是要靠自己过的，不要指望别人。"这是我爸常说的话。

在我儿时的记忆里，家里并不宽裕，我们一家人一直过着清贫的日子。爷爷虽然是干部，可他公私分明，清正廉洁。在事业上他从来不肯提携爸爸，在经济上，也从来不假公济私。当然，爸爸也从来没有向爷爷求助过，甚至连想都没想过。

爸爸说我们不会穷一辈子，因为他自己有手有脚，靠自己的拼搏养家。他从来不愿依靠别人，在我心目中他是个真正的男子汉。

有一年，爸爸做生意赔了，日子艰难到连我跟妹妹的学费都交不起，那个时候九年义务教育还没有实引，交不上学费就要面临辍学的危险。

在那之前，有位亲戚欠了爸爸一笔钱，万般无奈之下爸爸只好向亲戚讨债。亲戚不仅赖账不还，还跑去向爷爷哭诉，说爸爸要逼死他。

爷爷听了大怒，斥责爸爸不顾亲戚体面，不近人情。爸爸最终没能讨来那笔债。

有人为爸爸打抱不平："你现在这么困难，你爸还不许你去讨还债务，既然这样你就让他给孩子们出学费，反正当爷爷的给孙女花钱也是应该的。"

爸爸没向爷爷张口，他说宁愿卖血也不愿仰仗别人，即便是父母。

最后我和妹妹还是顺利入学了——爸爸卖掉了家里的粮食。

他用不懈的努力带我们度过了最艰难的几年。有这样自强自立的父亲做榜样，我自然也形成了同样的观念。无论何时何地，无论多艰难，我都不会有依靠别人的想法。爸爸教会我，想要什么就自己去挣，挣来挣不来，得凭自己的本事。

十年前，爸爸建了一幢漂亮的大房子，一砖一瓦都是爸妈用血汗换来的。

爷爷年纪大了，又体弱多病，他在自己头脑还清醒的时候，把一生的积蓄都转给了举家乔迁又极少回来的叔叔。爸爸没有半点怨言，即使得不到父母的馈赠，他也一如往昔地孝顺他们。在他看来，生活无论贫富贵贱，只要自己努力奋斗了，人生就是体面的，是幸福的。

爸爸一生平凡，却十分受人尊敬。在这个以财势论地位的年代，他所拥有的，不过是一份自强、自立的尊严。他的体面，都是自己挣来的。

我们那儿有一位名副其实的"富二代"，父亲是远近闻名的富商，生意做得风生水起，存下的钱，足够他花一辈子。他每天的生活就是吃喝玩乐，根本用不着工作。不管父母多么忙碌，他从来不会关心家里的生意，没有半点为父亲减轻负担的孝心。他每天不是花钱玩乐就是叼着烟四处乱逛，要么就是看哪里有热闹可凑，哪里有牌可打，哪里有漂亮女孩儿可搭讪。

与他截然不同的是，他父亲的生活过得非常节俭。除去必要的花销，其余全部存下来。

我在赞叹这样"伟大"的父爱之余，仍然要遗憾地说，他实在是以饲养宠物的方式，培养了一个废物儿子。

他虽然不算高，也不算帅，但重点是占着一个"富"字，这一点最诱人。"富二代"一直是姑娘们的首选，按理说他不会为娶不到老婆而发愁。

事实恰恰相反，这位"富二代"已年过三十，却至今没有女朋友。父母年事已高，对此万分焦虑，他们满心期盼着，能有个人来照顾宝贝儿子。如果没人替他们传宗接代，他们恐怕是死了也闭不上眼。

他们到处托朋友请媒人，可从来没有说成过。

期间也有贪图富贵的女孩儿跟着"富二代"一起玩儿过，但谈到婚事便立即闪人了。对方并不想跟着他过一辈子，理由是：他除了吃喝玩乐没有任何生存的技能，更别提责任心和上进心了。父母积攒的钱虽然很多，但仅依靠这些，总有坐吃山空的一天，并不能给人带来安全感。

一个只会依赖父母的人，即使再富有，也很难赢得别人的尊重。

这两年流行过一句话："靠父母，你就是公主；靠男人，你就是王妃；而靠自己，你就是女王。"

当然，也不仅仅是在说女人，对任何人而言，依靠别人，永远都只能是寄人篱下，永远得对别人言听计从。因为依靠别人，也是一种索取。每个人都爱体面，可体面只能靠自己去挣，别人谁也给不了。自己能做的尽量自己做，我们可以相信别人，但不要依赖别人。

靠山山会崩，靠水水会竭。唯有自己，才是这世上最坚实的依靠，跑不了，倒不掉，不被人看轻，不被人笑话。

靠自己，做一个受人尊敬的王者。

"一切总仗不得。大丈夫汉，自己挣出来的，方是真体面。"

第二章

正确的人到来之前，你要好好爱自己

在一开始，我们就应该学会好好爱自己。而不是等到最后，发现没有人可以爱了，才决定要好好爱自己。

——顾漫

幸好你走了，要不总担心你会离开

陪你走了一程的朋友，相信他们；愿陪你走一生的朋友，谢谢上天。

——刘同

冬天虽然已经结束，可丹丹还是觉得有些冷。出门前，她又在裙子外面加了一件风衣。闺密上下打量了一番，点点头："不错，去吧。"

丹丹要去参加她前男友的婚礼。她本来不想去，可闺密却撺掇着让她去，并且拉着她去做皮肤护理，又买了一堆新衣服。

闺密一大早就细细地帮丹丹化了妆，在新买的衣服中帮她挑出一件白色薄毛衣，搭配一条淡绿色短裙，外加一双白色小短靴和一条水晶毛衣挂链。站在镜前的丹丹简直不敢相信,镜前的女孩就是她自己——像清晨时分挂着露珠的青荷。不懂修饰的丹丹从来不知道,原来她也可以如此美丽,美丽得不染纤尘。

闺密说:"要让他知道,失去这样的你将是他终生的遗憾,让他知道自己此生错过了一个多么美好的女孩儿。"

造化弄人,一切瞬息万变。穿上洁白的婚纱,挽着他的臂弯走上那条红毯,然后戴上彼此的婚戒,许下无论贫病疾苦都要共度一生的诺言,那个女人本该是她,现在却忽然换了人。

丹丹是两个月前到这个城市的,依着男方家长的意思,在这边与他完婚。他们的亲事已订下好几年了,对方也不想再拖下去。

临来时他们通了电话,他不打算让她过来,说这阶段会很忙。但她还是匆匆上路了,她想离他近一些,想好好照顾忙碌的他。

丹丹有个闺密在这个城市打工,住的地方离他很近。她家教极严,没结婚之前,不会住到他那去,暂时在闺密这落了脚。刚安顿下来,她就赶忙给他打电话,他的语气透着些许不快。"既然来了,就先休息两天,等我处理完手头的工作,和你谈件事。"

挂断电话后,她心里感到隐隐的不安,好像有什么正在从她的生命中悄悄流逝,她想要尽力去抓,却又无从下手。

这两天没有任何事可做,她就开始回忆两个人在一起的时光。

他们的家在长江边上的一个小镇里，两家是世交，他们俩是名副其实的青梅竹马。从很小的时候，他就牵着她一起上学，一起下河摸鱼，一起摘莲采藕。天冷时，他会脱下自己的外衣让给她穿；下雨时，河里涨水淹了木桥，他脱下鞋子、挽起裤腿背她过河。他爱吃莲子，每年结了鲜莲蓬，她总会亲手采摘，然后一颗一颗地剥好了给他吃。

他的成绩永远是全校第一，她一直对他很崇拜。同时，也很依赖他，因为有他在，就不会受大孩子欺负。他就像一棵大树为她遮风挡雨，而她正是树下被保护的小草。

她最怀念的，是他们一起上中学的时光。那时候，他每天骑单车载着她。在家与学校之间的小路上，她紧紧地抱着他迎着晨曦去，披着彩霞归。

如果人永远不会长大，时光能永远定格在美好的一瞬间，那该多好。

年少时喜欢一个人是如此的简单，一起上学，一起摸鱼，你背我过河，我为你采莲。有一个人庇护，另一个自然会产生依恋。无论你多么平凡，那个人都在关注着你。每天形影不离，分开一刻都会想念。走在离他稍远的地方，她的余光就开始寻找他的身影。无论何时何地，她看他的眼神都是发光的。那样的岁月，那样的彼此，他们有着最青涩、最美好的样子。

那年他考上了大学，去了外地读书，丹丹留在家乡的小城上了卫校。临行时，两家长辈给他们订了亲事。虽然他们还都在懵懂的时候，可在大家的眼中，他们是两小无猜、天造地设的一对，迟早要在一起。

大学毕业后他去了南方的大城市，丹丹在家乡的小城里，殷切地盼过了一年又一年。他的学识让他有了更广阔的眼界，家乡的小城已经放不下他。

即使等再久，她也不在意，可父母坐不住了。与她一般大的姑娘都早已嫁人，多半都已当了妈妈。再这样等下去，丹丹就成了"老姑娘"，父母不愿自己的女儿一直这样被"耽误"下去。

男方父母也几番催促，他都以太忙为由推托了。老人觉得丹丹已等待多年，不能再耽误人家，便做主让丹丹去他所在的城市，尽快与他完婚。

其实，每个人心里都有了担忧，但谁都不愿意说出口，包括丹丹自己。若不亲眼得见，谁也不愿意去相信事实。

后来他终于鼓足勇气，坦诚地跟丹丹交代了实情。他们两家交情极深，两人从小一起长大，他从来没有分清，那究竟是友情还是爱情，或者是亲情。

当年订婚时彼此不足二十岁，尚且懵懂，他只是觉得就这样和她平淡一生也没什么不好，所以就没反对。

后来上了大学，又到新的城市闯荡，他有了更开阔的眼界，想要一段真正属于自己的爱情，一份纯粹的爱情，无关家庭渊源，无关亲族门楣。

他在这里遇见了一个姑娘，他很爱她，她的爱纯粹而火热，即使坚刚如铁，也难以抵挡她如火般热烈的深情。

而他和丹丹之间的爱就像流沙，无论丹丹怎样小心翼翼地捧着，也依然要从指间流过，怎么也抓不住，怎么也留不住。一阵风刮过，便什么都没有了。

这几年内心的惶恐，终究变成了现实，再也无法回避，再也无法骗自己。她不是不理解他，只是不愿意接受这样残忍的现实。年少的她败给了懵懂，败给了幼稚。明明满心惶恐，却又孤注一掷，自欺欺人地败给了不甘的心。

那天，她带着喜帖回到了闺密的住处，两个人喝了一顿酒。那是她这辈子第一次喝酒，呛得眼泪直掉，醉得一塌糊涂。他带给她的伤痛倾巢而至，她悲伤地回忆着过往的一切，回忆里有甜蜜，有叹息，有梦幻的未来跟现实的绝望。她喃喃自语着："你相信命运，而我相信你。"

她整整昏睡了三天三夜。

一个月后，她带着一颗伤痛的心，出现在他的婚礼上。看着另一个美丽的女人挽着他的臂弯走上红毯，戴上婚戒，许下无论贫病疾苦都要共度一生的诺言。

仪式完毕，新娘褪下白色的婚纱，穿上大红旗袍，挽着新郎的手一起挨桌敬酒。红色的宝石耳环，红色的宝石项链，红色的高跟鞋，还有饱满的红唇。盼顾之间，无一不让人想起一切热烈瑰丽的东西，如牡丹，如玫瑰，如红酒。

如果说丹丹清新如朝荷，那么他身边的那个女人则瑰丽如牡丹。

丹丹坐在最角落的座位上，他们敬酒时，她看到男人眼里闪着歉意。他说，这个婚姻不被家人祝福，但丹丹是他的"家里人"，所以他希望丹丹来，但不勉强。

他曾对新娘说起过丹丹，说起过他们幼时的快乐时光，也给新娘看过当年他们定亲时的合影，荷塘边，清纯如水的两个年轻人。

新娘看见丹丹时的神态，没有任何胜利者的张扬，也没有任何看对手似的探究，更没有横刀夺爱的歉疚，她的眼里一片坦然。她礼貌地微笑着向丹丹敬了酒，然后借口去洗手间，就走开了。

丹丹提早离开酒店，他送了出去，神情依旧充满歉意："对不起，我对你也许真的只是兄妹之情。如果我们在一起，固然也能平平淡淡地过完这一生，只是我遇见了她，她像一团火，照亮了我的整个世界，我就再也做不回曾经的我了。"

丹丹认真地听完他说的话，认真地看着他的脸，这个陪着她一起长大，原本要一辈子看下去的人，与她真的没有那个缘分了。

"我明白，其实我早该明白了，只是这几年一直不肯死心罢了。"丹丹的心底在流着泪，脸上却微笑着，"其实现在这样也好。于我而言，你走了真好，不然啊，我总担心你要走，时时不得安心，夜夜不得枕。从今天起，我总算能放下心里的执念，不再骗自己，不再逼自己，我可以安安心心地面对以后的生活了。"

他一直站在酒店门口目送丹丹远去，身后传来高跟鞋的声音，然后一个美如艳阳的女人，用她娇若无骨的手挽着他的臂弯："你今天没吃多少东西，又喝了那么多酒，我请服务员帮你准备了一碗你最爱吃的馄饨，进去吃吧，要不一会该凉了。"

他转身，紧紧拥抱他的新娘。

这多像张爱玲的《红玫瑰与白玫瑰》里所说的啊，"娶了白玫瑰，白的便是衣服上沾的一粒饭黏子，红的却是心口上的一颗朱砂痣"。虽然他没有娶她，但她自认为是他衣服上的一颗饭粒，他理所应当地抛弃她。

　　大概真的如此，就像《匆匆那年》里的陈寻一样，一起从高中走来的纯净温柔的方茴是他的陆地，但他最终要与天空中的飞鸟沈晓棠一起高飞。

　　你走了真好，不然总担心你会走。曾经以为，没有你我会一无所有，后来才发现，原来除了你之外，我还拥有全世界。曾经以为，离开你会让我无心去爱，后来才发现，原来我还能微笑地接受这一切。不是来得太突然，只是走得太匆忙。不是你太无情，而是我错走进了你的世界。

别以为有人会一直在原地等你

总有一个人，会以实际行动告诉你，有些错误，是永远不会被原谅的。

——李宫俊

一铭突然接到强子的电话，说有哥们儿从外地赶来，大家一起吃个饭。

强子口中的哥们是个开朗的女孩儿，当初差一点就成了一铭的老婆。但也只是差一点，两个人终究还是没能在一起。女孩儿已经有了男朋友，而且就快结婚了。

放下电话的时候一铭满心感慨，对于当初的错过，与其用遗憾，还不如用懊悔形容来得恰当。他很想见见那个女孩儿，而且是非常想。

一铭和强子是同乡，两人又在同一所大学，而且还在同一个宿舍，关系特别好。

那年国庆节，学校组织了一场诗歌朗诵比赛。一铭和强子都是理科生，诗歌那些东西不是他们所长，更不为他们所好。两个人在百无聊赖之中，打算悄悄躲回宿舍玩游戏。正当离开之时，一个清亮的嗓音让他们忍不住驻足倾听，两人不由自主地看向舞台。站在台上朗诵的女孩儿娇小清秀又文弱，却有着一副极具爆发力的嗓子。

她朗诵的声音圆润并富有感情，给并不出彩的诗歌赋予了灵魂，这让坐在观众席上的人也随之心潮澎湃。

这个好听的声音，战胜了宿舍里游戏机对这俩人的吸引。也在那一刻，他们就认定，这次竞赛的冠军一定非她莫属。

可世事无绝对，就像一铭当初认定她会变成自己的另一半。多年以后，一切竟成了镜花水月。

女孩儿的朗诵没有一点失误，可以说是近乎完美。关键时刻，光盘突然出现了问题，诗歌刚朗诵到一半，伴奏音乐突然停了。女孩儿的脸上虽然有少许的不安，但并没有受到任何影响，只是她旁边的搭档出现了失误。

谁都知道，她与冠军无缘了。

活动结束后，从会场出来的一铭看见女孩儿正独自坐在台阶下抹眼泪，脸上的妆被眼泪冲掉了，彻底成了花脸猫儿。

看着优秀的她流着眼泪，就像一颗闪亮的流星重重地撞在了一铭的心上，击中了一铭心里最柔软的部分，留下一个一生都难以填满的陷坑。

不善言辞的一铭从口袋里掏出纸巾塞给女孩儿，然后手足无措地看着她。强子站在一旁，不知道该说什么，所以一直保持着沉默。

"谢谢！"女孩儿的声音闷闷的。

"那个……别难过了，你发挥得真的很不错，只是谁也没想到会出现那种意外，以后还有机会的。"一铭的语气有些局促，安慰的话也略显蹩脚。

"你不是我们班的？"女孩儿擦干眼泪，打量着一铭和强子，"算了，陪我出去喝杯酒呗！我不想再看见那个弄坏光盘的笨蛋了。"

她恼火地皱着眉头的样子，真是太可爱了，那一幕，好多年都在一铭的梦中浮现。

"没问题呀，走呗！"不待一铭应声，强子便爽快地答应了。

一铭原本想说，女孩子家晚上去校外喝酒不好。强子似乎知道他要说什么，在他大腿上狠狠地拧了一把，疼得他到嘴边的话又生生地吞了回去。

那天晚上，三个人坐在学校旁边的小店里，喝到了大半夜。出乎意料的是女孩的酒量比他俩都好。啤酒瓶成堆地撂在桌子下，女孩儿的眼睛越喝越亮。

"我叫扬扬。"女孩儿坐在高脚椅上，惬意地晃着脚，用手指点着一铭和强子，"你看看你俩，酒量也忒差了，连我都喝不过。"

一铭是极少喝酒的，早就醉得趴在桌上不省人事，强子还尚能支撑，不过也早就醉眼迷离："你……你应该庆幸我俩喝不过你，否则你一小丫头片子落俩光棍儿手里……"

没等强子说完，扬扬一巴掌拍在强子脑门儿上："俩清纯小男生，非得装什么大尾巴狼。"

一铭虽然喜欢扬扬到骨子里，可就是没有勇气表白。

强子整天与一铭混在一起，自然知道他的心思，鼓励了他N次，可惜都没什么效果。他替自己的好哥们着急，甚至对他产生了一种恨铁不成钢的怨念。

一铭那单相思的衰样儿，实在让强子看不下去了，他便跑去告诉了扬扬："一铭喜欢你，做他女朋友呗！"

扬扬正坐在操场上看一群男生打篮球，听到这句话，转头白了他一眼："他喜欢我应该他向我说呀，没见过追个女孩儿还得兄弟出马的。人家都不急你急什么？"

"得，我这真是皇帝不急太监急。"强子被扬扬噎得无话可说。

扬扬说完跳起来就跑了，银铃般的笑声，洒满了操场。白色的裙角在风中飞舞着，像蝴蝶一般远去。强子张着嘴，只能瞪着眼睛无可奈何。

不久之后，扬扬有了男朋友，是邻校一位高大帅气的篮球队员。

从那以后一铭整个人就像霜打的茄子，除了上网玩游戏就是瞪着眼睛发呆。他依旧梦见扬扬，被泪水打湿成花脸猫的样子，醒来后便觉得痛苦难耐。

毕业后他和强子回到了江南，从此再没见过扬扬，只听说，她和邻校的男友分手了，独自去了南方的大城市。他后来依旧梦见那张哭花了的小脸，只是从此山南海北，再也联系不上了。

有些事，有些人，总会在最不经意的时候出现，如同一份失而复得的惊喜，又像一场绚丽如幻的梦。

一铭还是喜欢玩网络游戏，他常听玩友们说起一个女玩家，在游戏论坛上写过很多好文章，而且在游戏里有很多追求者。对此他并没有多大兴趣，让他魂牵梦绕的仍然是那个打趣他，笑他像根木头的女孩儿。

直到有一天，和他一起玩游戏的强子神秘兮兮地打电话来："告诉你一个惊喜，保证能让你高兴到上天。"

"什么事啊？是你自己跳到天上去了吧？"深夜了还坐在桌前的一铭，一边批着学生的作业，一边漫不经心地听强子说话。

"游戏里大家经常提起的女孩，就是当年的扬扬。一个区里玩了那么久，我居然今天才知道，你这根烂木头，如果我不告诉你，恐怕到游戏关服你都不知道。你日思夜想的扬扬，其实经常和我们玩游戏啊，你这榆木疙瘩……"

强子还在喋喋不休，对面"啪"的一声，手机掉在了地上，他用力地喂了几声，没有听到一铭的回话。

过了这么久，他成了一个在课堂上口若悬河的老师，面对学生从不怯懦。如今提到扬扬，他又立马变回了曾经的木讷少年。

喜欢一个人大概都会如此吧，就像《告别天堂》里周雷所说："喜欢一个人你就会怕她。"这个怕并不是真的害怕，只是太在乎，干什么都小心翼翼，缺失了真实的自己。

后来，他总是找各种机会和扬扬一起玩游戏。扬扬好强，喜欢在游戏里打打杀杀。他不喜欢这些，但为了能听到扬扬的声音，他也只好跟着一起玩。

有一天，强子叫了一铭和扬扬一起打副本，然后突然单独打字给一铭说："一铭，想要什么就放胆说吧。"

一铭先是一愣，然后终于鼓足勇气说了一句："扬扬，我们结婚吧。"

"好呀。"扬扬回得很快，干脆利落得让他差点被自己的口水呛死。

打完副本，一铭和扬扬就在游戏的角色里结了婚。

后来强子总是有意地问："游戏不算数，你俩啥时候真结婚呀？"

不知道一铭怎么想的，好半天没出声。过了一会，扬扬回了一句"要睡觉了"，然后就下了线。一铭坐在电脑前呆若木鸡，强子发了一个鄙视的表情。

就这样，两个人在游戏里交流了近两年。直到某天，扬扬告诉一铭，她想辞职离开那个城市了。一个人漂泊了这么久，想回家了。

他迟疑了很久才鼓起勇气说："扬扬，如果你在那个城市待腻了，就来我这吧，我会照顾你。"

"难得啊，你终于敢说出口了，你这个死木头，当年在学校的时候是块木头，现在都当老师了还是块死木头，再过几年就快成烂木头了。"扬扬语出如珠。

他在游戏里的名字不叫一铭，也从来没告诉过扬扬。

可她早就知道，所以那天说结婚时她答应得很痛快。只可惜，他总是怯懦地躲在网络的一端，始终没能鼓起勇气向她真正求过婚。

"对于你的提议，我考虑考虑吧。"扬扬说。

三个月后，扬扬告诉他："我辞职了，不过还得一个月才能退掉这边的住房公积金，你不是要我去你那吗？趁着现在有空我过去玩玩呗，然后回来办手续，至于以后在哪儿生活呢……到时候看情况吧。"

他突然泄了气，什么也没回就默默地下了线。

过了十多天，还不见扬扬来江南的强子有些急了，跑到一铭家质问他。

任由强子怎样骂，他就是不吭声，像个闷葫芦，没人知道他到底怎么想的，气急败坏的强子怒吼着："老子再也不管你这破事儿了，活该你打光棍儿。"

一个月后，扬扬回了西北老家，彼此再没有交集。他觉得那段说不清道不明的感情，其实只是一场梦。

强子和扬扬偶有联系，他告诉一铭：扬扬有男朋友了，是奔着结婚的那种男朋友。

酒量差到出奇的他喝了一夜，醉得不省人事。

强子说，扬扬这次来江南旅游，回去就结婚了。

见到扬扬的时候，她比从前文静多了，或许是因为戴了一副眼镜的缘故。一起吃饭时，大家谈论以往的趣事，谁也没有提及一铭和扬扬那份无疾而终的感情。

有一天，扬扬正忙着准备自己的婚礼，强子突然打电话问她："我当初真以为你和一铭会在一起，打心里替你们高兴。他那个人内向木讷，总是不善于表达，所以总是在错过。"

"我当初是真的想和他在一起的，一直以来，我都明白他的心意，这么久我都在等他开口。虽然他的表白很隐晦，但对他而言已经很不容易，所以我也主动告诉他我会去找他……"

扬扬沉默了很久，才再次开口："可是他却拒绝了我，当时我挺伤心的，那一刻我忽然醒悟，自己再不能这样等下去了，他和我，浪费了太多时间。虽然后来他向我解释过，他那时有些怕，怕我会没有想象中那么喜欢他，怕我们终究难成正果，怕会得而复失……但那些解释都来得太晚了，很多时候，一旦错过了，就再也回不去了。这世界上不会有谁一直痴痴地在原地等一个人。"

"我明白。"强子长长地叹息一声，"是的，没有人会一直在原地等待。不过扬扬，我还是祝你幸福。"

"谢谢，也希望你们都幸福。"

扬扬放下手机,把摊在床上的婚纱照慢慢收拾整齐……

遗憾往往是自己造成的,能避免的都不是真正的遗憾,不仅是感情,生活也是如此。没有人会一直在原地等你,勇敢地去追,即使失败也不丢人。

能停留在原地的,只有回忆,以及回忆里的悔恨。

将过去抱得太紧，就腾不出手来拥抱现在

放弃是，一种遗憾，一种错过，一种明白。放弃是，最后的痴念，最后的执迷，最后的圆满。

——李宫俊

乔盈到达上海的时候已经凌晨三点，半夜的机场空荡荡的，出租车也不多。与她同一班飞机的人不少，一时间出租车有些供不应求。

好不容易招来一辆出租车，她正准备把行李放进后备厢，身后却跑来两个年轻女孩儿，直接跳上了车。

乔盈独自坐在行李箱上，郁闷得想哭。深秋的上海略有寒意，尤其刮起风来，夹杂着江南的潮湿，乔盈不由地打了个冷战，将

薄薄的针织衫外套再拉紧些。

"乔盈。"正在她打盹的时候，一个熟悉又温暖的声音唤醒了她，抬眼看见一辆黑色轿车停在面前，车上的人正是韩铭，他下车后一边帮乔盈放行李，一边表示歉意，"对不起，我其实早就过来了，得知你飞机晚点，我就返回停车场在车上睡了一觉，今天工作实在太累，一下子睡过了头，等急了吧？"

"我没想到你会来接我。"乔盈系上安全带，声音有些闷闷的，似乎是感冒了。

"没告诉你是想给你个惊喜。"韩铭微笑着，顺手拿出一个保温杯，"这是我来机场之前给你弄的山菌汤，还热着，先喝点吧。"

乔盈一个人在上海打拼好多年了，每次出差，她都是独来独往，上下台阶时独自搬挪沉重的行李。从来没想过，在这个满是寒意的深夜，竟然有人来接她，还悉心为她准备了她最爱喝的山菌汤。她抱着保温杯，暖融融的，从手上传来的温暖融化了她冰凉已久的心。

为了存钱给弟弟上学，乔盈高中毕业就外出打工了。至今整整十年了。

她实在不甘心就那样放弃书本，所以只能一边打工一边自学，那些日子很辛苦。下班后回到宿舍，不管多晚多累，她都要读书学习，公司宿舍的灯会在晚上十二点准时关闭，她就举着手电筒趴在床上看。

每年回家过春节，父母都托亲戚、朋友们给乔盈介绍对象，实际上都是父母在挑选。他们挑选女婿的标准很简单：有钱，能支付得起他们开出的高额彩礼。

乔盈对这一切很反感，但她在家里完全没有说话的权利。很多相亲对象都看中了乔盈，最后都因高额彩礼望而却步，确实没有哪家能承受乔盈父母的狮子大开口。

例外总是有的，漂亮的乔盈被一个中年发迹的人相中了。那个中年人自打有钱以后就看不上糟糠之妻了，想娶个年轻漂亮的女孩儿。媒人倒是帮他介绍了不少，不是对方嫌他二婚、年纪大，就是他自己眼光太高，嫌人家不够漂亮。

挑来挑去的，他就看中了乔盈，别人看来高得离谱的彩礼钱，在他这儿根本不算什么，最后他与乔盈的父母一拍即合。

由不得乔盈反对，父母擅自做主，替她订下了婚期，告诉她今年不用再出去打工了，以后就可以过锦衣玉食的生活了。

一个挺着啤酒肚、谢了顶的中年大叔，乔盈死也不会嫁给他，宁愿出去打工吃苦。

那天，中年男人送来一麻袋现金，父母欢天喜地数了又数。

乔盈一个人立在窗边，耳边传来母亲得意的笑声："这一部分钱咱盖新房子，这一部分咱买辆车吧，以后儿子出去相亲的时候，没车是要被人家笑话的。还有剩下的这些，留着给儿子做彩礼。"

"哪用得了那么多！"父亲从母亲手里抢过几捆钞票扔到另一堆，"彩礼不要给那么多，买车的钱留宽裕点儿。到时候咱家有新房，有好车，咱儿子挑媳妇儿还不好说？能看上哪家的姑娘是她的福气，彩礼就少给点儿，意思意思就行了。"

"说得也对。"听着母亲的笑声，乔盈转过身，看着他们脸上的喜悦就如同看到地里的庄稼喜获丰收一般，她觉得对于父母而言，自己不过是一件可以令他们发财致富的"商品"。母亲笑着笑着忽然意识到乔盈正在看他们，她犹豫了一下，从其中的一捆钞票里抽出薄薄的一层。点了好几遍，想了想，又放回去一部分，然后满脸堆笑地对乔盈说："这些钱给你置办嫁妆，其实也就是个意思罢了，你婆家那么有钱，压根就不需要咱给啥陪嫁。"

面对着见钱眼开的父母，心底里一阵厌恶，她说过无数次，她不想嫁给那个中年男人，父母完全不予理睬。她越来越确信，父母养育她这么多年，不过是为了换得大把大把的钞票。她生活了二十多年的家，在这一瞬间变得那么陌生。

那天，中年男人请乔盈一家人吃饭，席间他们推杯换盏，商量着一些婚礼细节。没有一个人问过乔盈的意见。

中年男人脖子上挂着拇指粗的金链子，手上戴了一枚硕大的黄金镶翠玉的戒指，吃得满脸油光。笑起来满脸肥肉乱颤，几杯酒下肚，脸就涨红了，晃着半秃的脑袋对服务员大呼小叫。他想站起来敬酒，啤酒肚却顶在桌子上，向后弹了一下，一个趔趄差点摔倒。父母急忙伸手去扶……

乔盈忽然一阵恶心，眼前的场景，似乎是她长这么大见过的最恶心的画面。他们正说得起劲，她以去洗手间为借口逃出了包厢。

身后传来那个男人和父亲肆无忌惮的笑声，她听着觉得尖锐刺耳。乔盈像逃离恐怖现场一样跑出了酒店。然后赶忙回家收拾行李，毫不留恋地离开了那个家。

父母几次三番打电话责骂、哭闹，乔盈一概置之不理。他们心疼啊，女儿跑了，就意味着到手的钱要退回去了，相当于吃到嘴里的肉再让他们吐出来，岂不是活活要了他们的命吗？

后来见乔盈软硬不吃，父母怒火中烧，准备到乔盈打工的地方把她找回家。

弟弟跑到外面偷偷打电话向乔盈通风报信，乔盈匆匆离开了工厂，除了几件单薄衣衫和一箱书，她什么也没来得及带走，甚至还有两天就发的当月工资。

赶到火车站，她跑到售票窗口："给我一张最早发车的票。"

"到哪儿呀？"

"随便到哪儿。"

售票员给了她一张通往上海的票，还有二十分钟就发车。

就这样，乔盈毫无预料地流落到上海，这座与她毫无关系的陌生城市。

出站之后，她走出了熙攘的人群，瞬间感到一阵绝望。

每个人都在急着赶路，没有人会去注意一个胆怯而倔强的女孩儿。她看着这个匆忙、繁华的城市，心里再次泛起一阵孤独。

乔盈刚到上海的第一天睡在火车站附近的网吧里，没有吃晚饭，因为她身上的钱实在很少。

一个高中学历的女孩儿，可选择的工作要么是去酒店做服务员，要么是去商场做销售，要么是进工厂做普工。

她很快就在一家电子公司找到了工作，是当女保安。那年正闹非典，公司需要大量人手每天替员工们测量体温，由于女员工居多，所以招收了一批女保安负责这项工作。

女保安人数很少，员工却很多，乔盈每天忙得马不停蹄。下班后，恨不得把自己粘在床上。

　　她稍微休息一会儿，还得爬起来给自己做晚餐，吃最廉价的食物，把省下来的钱买书、上培训班。日子很苦，但她依旧充满热情。生活也依然充满希望。

　　有一天，乔盈刚回到保安室，正在捏酸痛的小腿，看到保安队长面色凝重地走进来，通知大家："仓库里测到一个体温过高的仓管员，立即通知全体员工戴上口罩。"

　　乔盈刚要起身，却被队长喊住了："乔盈，你跟我一起送发烧的员工去医院。"

　　谁也不想接触疑似病人，但她不能不去，因为她很珍惜这份有节假日，可以让她有时间去学习的工作。

　　结果虚惊一场，那位仓管员只是寻常感冒。虽是如此，公司还是通知他，十天之内都不要来上班了，每三天让乔盈去他的住处帮他测一次体温。

　　那个员工叫陈庭，乔盈每次去，他总是笑着向她道歉。乔盈只是对他点点头，并没有过多的交谈。好在没过几天陈庭的体温就恢复正常了，真的只是普通感冒，乔盈也跟着松了一口气。

　　陈庭的家离上海不远，周末他不加班的时候就可以回家，每次从家里回来都会带好吃的给乔盈。

　　乔盈羡慕陈庭有家可回，对于一个二十出头的小姑娘，她十分渴望家庭的温暖，只是那些常人都拥有的东西，对她来说却是遥不可及的。

陈庭二十六岁了，乔盈觉得他温厚可靠，更重要的是，能给她家一般的安全感。于是那年春节，她随陈庭回了江苏老家。

陈庭的父母见儿子带回一个漂亮的女朋友，感到十分高兴，希望他们能尽快结婚。陈庭也想尽快结婚，他说他会疼惜乔盈，把她捧在手心里。乔盈却有些踌躇。她觉得自己年龄还小，还想再多学些东西，多一些追求，她怕一嫁人就得与陈庭回乡下生孩子，过一辈子平平淡淡、相夫教子的生活。

乔盈是有些不甘心的，虽然她喜欢陈庭，但她不愿意在这个原本应该充满朝气的年纪归于平淡。在她看来生命就像烟花，总该要盛放一次才算完整，她不愿意让自己还未盛放就归于沉寂。

她愿意嫁给陈庭，只是不愿意这么早。为此，她跟陈庭沟通了很多次，又是撒娇又是扮可怜，尽量将婚期往后拖。

乔盈每天都很忙，平时忙着上班，下班忙着读书学习，周末忙着去培训班上课，和陈庭约会的时间少之又少。甚至很长一段时间，他们都只能在公司的餐厅碰面。

陈庭对此有些抱怨，他对乔盈的生活方式有些不理解，在他看来，用辛苦赚来的钱买书上培训学校就是浪费。可是说了几次，乔盈依旧我行我素,并没有跟陈庭好好沟通,陈庭负气再也不说了。

乔盈考过了英语四级,又考取了会计证,同时也报培训班学习了平面设计。

非典过去以后,公司裁减掉了女保安,陈庭希望她去公司做普工,但乔盈不愿意,她在一家外贸公司找了一份做产品包装设计的工作。为此两人冷战了好些天,直到后来知道在外贸公司上班的薪资比在电子公司做普工要高出许多,他才算消了气。

乔盈的工作很忙,两个人就更加聚少离多了,陈庭又一次提出结婚,因为他马上就二十七八了。但乔盈觉得自己在新公司还不稳定,现在就请婚假不利于事业的发展。

乔盈在工作中一直勤谨负责,被公司选送到北京学习,一个难得的好机会,乔盈兴奋得都失眠了。当她把这份喜悦传达给陈庭的时候,他只是淡淡地答应几句便再不接茬儿了。乔盈没有多想,以为他是工作太累了。

这一学习就是两个月,回上海后,乔盈想着工作算是稳定了,可以和陈庭商量婚事了。陈庭却突然不见了。乔盈赶忙跑到原来的电子公司去找他,那里的熟人说,陈庭辞职了,回了江苏老家。

乔盈有些疑惑:他为什么突然辞职回家,事先也不告诉她一声?

那个周末,乔盈去了一趟江苏。在路上,她隐约感到有些心慌。她虽然要强，虽然愿意把大多数精力投入到学习和工作上，但她依然渴望有一个属于自己的家。越是缺什么，就越是渴望什么，在那一刻，她越是觉得想要紧紧抓住的东西，就要从手中流走了。

赶到陈庭家里的时候，宾客已然散去，遍地燃放过的鞭炮纸屑余温未尽。门外，停着一辆大红色的轿车。人们说，那是新娘的陪嫁。

乔盈突然脱力地倒了下去，膝盖重重地磕在石板地上，很快渗出血来。她望着旁边的那一片荷塘，此时结满了莲蓬。那年，第二次随他回家，也是这个时节，他摘了很多莲蓬，坐在荷塘边一颗一颗地剥给她吃。

眩晕过后，乔盈慢慢地爬起来，强忍着眼泪一瘸一拐地离开，毕竟人家大喜的日子，自己在门外掉眼泪也实在不妥。

从江苏回来，她忽然清醒地认识到，一切都会离她而去，唯有学到的知识不会。她又开始没日没夜地加班，周末继续去上各种学习班。她依靠疯狂的学习和工作，来抵抗侵入骨髓的悲伤，日子过得比之前还充实。

乔盈不停地充实着自己，变得一天比一天强大，公司也逐渐地不能满足她的发展需求了。她把自己想要辞职创业的想法告诉了培训学校的同学韩铭，没想到两人一拍即合，决定合伙创业。

两人几经奔波，一起创建了一家装饰公司。乔盈负责设计，韩铭负责业务，从此成为事业上最契合的伙伴。

创业初期他们面临资金紧缺的问题，给员工发完工资两人连吃饭的钱都没有了。

行业竞争非常激烈，为了拉业务，韩铭需要参加各种应酬，经常醉到昏天暗地，打电话要乔盈去接他。

乔盈多次在深夜打车接韩铭回来，每次都是韩铭醉卧在办公室沙发上，乔盈便一边照顾他，一边在灯下做设计图。

皇天不负有心人，公司终于有了起色，有了盈利，韩铭提议买辆车。乔盈只在公司做设计，基本上不外出，为了方便韩铭出去谈业务用，他们拿出公司盈利的钱买了车。

直到第六年，公司趋于平稳了，乔盈才给自己买了车，驾照是很早之前就考好的。

韩铭年少有为，又一表人才，事业上正风生水起，整个人看起来意气风发的，身边慢慢地出现了一些仰慕他的女孩儿。

偶尔和客户们应酬，有些长辈会开玩笑地问起他的感情生活，韩铭总说自己心里有人了，正在追求中。

自从陈庭毫无声息地离开她以后，乔盈的感情生活就一直是一片空白，她把全部身心都放在了事业上，没有心思去想感情的事。

这么多年过去，每逢闲暇，她都会想起和陈庭在一起的时光，她怀念,但也只能到怀念为止了。有一天,她在旧物里翻出一件情侣T恤,是当年和陈庭一起买的,这时才发现曾经让她疼彻心扉的感情竟然也在不知不觉中淡去了。

有一天早晨,她在办公桌上发现一个精致的盒子,里面是一对耳环,很漂亮,盒子下压着一张纸条:好歹是个女人家,总该打扮打扮的。

是韩铭的字。乔盈没太当回事。

上海的夜是那么美,黄浦江上倒映着绚丽的霓虹,车子轻快地在大桥上滑过。韩铭眼睛看着路,右手却伸过来将乔盈的手握进掌心:"我们买套自己的房子吧!"

"好啊。"乔盈温柔地答应,一如她平日里对韩铭生意决策的应答。

盛着山菌汤的保温杯上,有一张韩铭贴上去的小小贴纸,两个小小的卡通人,穿着红色的喜服,两只手紧紧地牵在一起。

最理想的结局就是最初的相遇成为最后的爱人,可感情很难尽如人意。走过人山人海才能看到那个答案,这是大多数人的人生。不能永远执迷在伤痛中,放不下过去就迎接不到未来,人生没有命中注定,只有更好的决定。

可以永恒的，只有那些过往

曾经以为，伤心是会流很多眼泪的，原来，真正的伤心，是流不出一滴眼泪。什么事情都会过去，我们是这样活过来的。

——张小娴

小白窝在我的床上看电视发呆，无意识地咬着被角，我有些心疼地看着我新买回来的被罩，提醒她轻点咬，别给我咬坏了。

"你太过分了，居然不关心我而是先关心你的被子！"小白伸出一个指头，泪眼婆娑地指责我。

"那啥……你要是饿了，咱去吃饭行不？"距离她上次用餐，时间已经过去了三十五小时四十八分，我真怕她把我的被子当面包给吃了。

"我不想吃，没胃口。"她终于不咬被子了，把头蒙进被子里，整个人蜷成一团，"心情不好，别惹我。"

听说甜食可以令人心情愉悦，我打算去给她买一份蛋糕。

三十五个小时前，小白的男朋友辞职离开了公司，然后给她发了一条信息，要求分手，随后就销声匿迹了。她跑到我这里哭，哭了又笑，笑完再哭，整整折腾了一天一夜，这会儿刚消停下来。

小白刚毕业不久，是个挺单纯的女孩儿。她长了一张娃娃脸，可爱到了极点，再加上青春年少，一进公司就被那群单身已久、眼冒绿光的饿狼给盯上了。

当初追求她的人不少，她偏偏看中了其貌不扬，家境又不好的卫淳。这着实令我们大跌眼镜。

我问过小白看上卫淳哪了？

记得当时她就盘腿坐在我床上，抱着卫淳送她的玩偶，用甜得发腻的语气告诉我："因为他比别的男人专一，跟他在一起有安全感。"

"安全感？"我翻个白眼没有再去理她。也许是自己年长她一些的缘故，我不懂她的逻辑。现在的年轻人自有一套理论，旁人若要插嘴，纯粹是自讨没趣。其实我在心里暗暗感叹：认识人家又不是十年八年了，也不知是哪只眼看出来他是个专一的人，真当自己开了天眼呢。

　　他和办公室里的每一个同事都相处得很好，客户那边也都很买他的账，从这些就可以看出，卫淳是个情商、智商都很高的人。一直以来他的业绩都是最出众的，在会议上，曾多次受到上司的表扬。小白向来喜欢那种对工作认真，而且有责任感，有担当的男人。

　　有一次，我忙完手头的工作，已经中午十一点半了，刚出了办公室就遇见小白和卫淳，饿得前心贴后背的我只好跟他俩一起去吃饭了。

　　松仁玉米、糖醋排骨、拔丝山药……卫淳拿着菜单看了半天，挑出了三道甜菜，全部都是小白爱吃的，无奈之下，我只好抢过菜单点了一道剁椒鱼头。

　　"不好意思，我不知道你爱吃辣，小白喜欢甜食，所以我也就每天跟着她吃甜味的东西，我还以为你们女人都会喜欢甜食呢。"卫淳抱歉地笑了笑。

　　我并不介意，那天太忙，一整天只吃了一个雪菜包子，所以服务员刚摆上菜，我就低头猛吃。做电灯泡自然就要有个做电灯泡的样子，我完全不理会他俩的眉来眼去。

　　"你可给我老老实实的，不许和你那些女客户们眉来眼去的。"

小白的声音比她面前的拔丝山药还要甜过百倍。

"放心吧，除了你，我谁都看不上……"卫淳像哄小孩似的讨着小白的欢心。

我倒吸了一口冷气，刚夹的一筷子鱼肉全掉回了盘子。

"我就知道，你呀，这辈子都是离不开我的，你才不能没有我呢。"小白点着卫淳的鼻尖。

我暗自感叹一声：姑娘，你这都是从哪儿来的自信啊？

其实我一直想告诉小白，这世上从来就没有谁是真的离不开谁，不到白头偕老的那一天，谁也不能把话说得这么满。

可小白毕竟是在热恋期，况且现在的年轻人最讨厌听别人的经验之谈，所以我也没有跟她讲过这句话。

我一直不看好小白跟卫淳的感情，因为我觉得小白太过于"傻白甜"，而卫淳又有些过分精明。

不过站在朋友的立场上，我还是希望他们能够修成正果，也希望她那样一个小傻妞能有个精明些的老公去保护她。

很快小白就搬出我与她的合租房，跟卫淳同居了。我虽然几番相劝，可她那样善良单纯，不忍拒绝卫淳。自打小白搬出去以后，我们相见的机会就少了。

有一天，我突然看见她坐在我门外抹眼泪，便急忙拉她起来，忍不住开始数落："你这抽的什么风啊，这地上多凉啊，一会凉出毛病来怎么办？卫淳死哪儿去了？再说你不是有钥匙吗，你怎么不自己进去啊？"

"钥匙丢了。"她的声音小得像蚊子在哼哼。

一开始我以为两人不过是闹别扭，直到小白进屋后爬在床上大哭，我才意识到事情的严重性。

再三追问之下，小白把手机丢给了我。我看到卫淳下午发过来的信息："分手吧。"

没有任何理由，也没有任何解释，就这么简单地三个字："分手吧。"

"这个混蛋。"我拨电话过去，他的手机关着。

"今天下午刚看到这个短信他的电话就打不通了。"小白哭得上气不接下气，"我见他今天没上班，就去问了他们部门的同事，这才知道他突然辞职，听他上司说好像是被别的公司挖走了……"

"你说他要换工作……那就换呗，干吗要分手呀？我又不会拖他后腿……"小白抽噎着。

我急忙扔了手机拍着她的背说："别急，别急，姐姐我在这行也混这么多年了，既然是同行挖墙脚，就算他钻到地缝里，我也能替你把他给挖出来。不哭了啊。"

我通过同行的朋友打听到了卫淳的消息，并把他新公司的名字和他办公室电话要了过来，告诉了小白，让她自己看着办。我帮着小白要号码无非是希望她能从他嘴里要个分手的理由，我怕这场没缘由的分手会变成一根难以消除的刺。

后来我就出差了，要等一个星期才回来，出差之前我替她在公司请了假，临行前叮嘱她好好在家休息，等我回来再陪她去找混蛋卫淳，这些天如果什么时候心里不舒坦了，只管打他办公室电话去骂他好了，毕竟是工作用的座机，他不敢不接。

一周后我回来，却发现小白辞职了，不用想我也知道这妮子上哪儿去了。

打通电话，小白很平静地承认她的确是去找卫淳了。

"你就是去找卫淳也用不着辞职吧，你知道现在找工作多难吗？就你这刚毕业没多久的小菜鸟……"我一时气结，实在不知道该说她什么好，差点就直接骂她"你是不是'脑袋进水'了"。

她沉默着没说话，向来都这样，无论是被同事欺负还是被我教训，她向来不发一言。

"好吧，去就去吧，只是自己多小心点……"她的沉默令我心疼，我不忍再责备她，只好反复叮嘱："如果哪天卫淳那混蛋不管你，没钱吃饭了就回我这儿来。"

她轻轻地"嗯"了一声然后挂断了电话。

此后的很长时间里小白都没有和我联系，直到春节临近，在一个十一点多才下班的晚上，我看见了坐在我门口的小白。

"你怎么又坐这里了，这大冬天的还不得冷出病来啊，再说上次不是给你配钥匙了吗？"

"又丢了。"她一脸无辜地望着我。我无语。

"我饿了，一天没吃饭了。"小白站起来有气无力地趴在我的肩上。

"这点儿了我上哪儿给你买吃的去？"把她拉进门咬牙切齿地说，"你不会自己在外面吃点啊？"

"我没钱了。"她低着头，声音小得像蚊子，"今天走的时候他倒是给了我一点钱，不过我又砸他脸上了。"

"你……"我瞪着她，"你说我是该夸你有骨气呢，还是该骂你傻呢？"

"嘿嘿……"她吐着吐舌头，"你想骂就骂呗，快给我做点吃的吧，否则我一会把你的被子当面包吃掉。"

炒好了一盘菜我喊她来端，她的声音懒懒的："你弄好了一起帮我端出来吧，脚好疼啊。"

"脚怎么了？"我冲出厨房。

"那个……"小白小心地观察着我的脸色，"我今天到汽车站下了车就身无分文了，走了两个多小时才走回来，脚掌起水泡了……"

"姜小白……"我的声音大到差点把屋顶都掀了，"你不会打车到公司然后打电话叫我出来替你付钱啊？我说你脑子里装的是水和面粉吧……"

吃饭的时候，我们一直保持沉默，直到她吃完三碗米饭、两大盘菜，忽然开口说话了："其实我在他那里死缠烂打那么久，早就知道他不爱我了。"

"那怎么今天才想通了回来？就因为饿肚子了？"我白她一眼，然后继续低头帮她挑脚上的水泡。

"哎哟，你轻点儿……卫淳就算再混蛋，也不会真看着我饿死街头的。其实那段时间我没有找工作，而是每天缠着他，他倒是管我吃住。直到今天我才知道，他当初为什么突然跟我提分手。"

"为什么呀？"

"可能你都想不到，原来他在老家早已定亲。今天他未婚妻从老家过来了，两个人不久就要结婚了。"

"什么？"我以为自己听错了。

小白脸上的表情似哭似笑："我自己也没想到，我真是够蠢的了，不知不觉地当了那么久'小三儿'。人家也不过就是老婆不在身边，所以就随便骗个女孩儿玩玩而已，我居然把他对我的感情当真了，还死缠烂打了那么久。"小白轻轻地叹了口气，继续说："其实我缠了他三个月以后，自己也渐渐冷静下来。看着冷冰冰的他，我忽然察觉自己也没有以前那样爱他了。直到今天，我才突然觉得我原本爱得死去活来的男人居然那么面目可憎，那么令人作呕。所以临走时他给我的钱，我抬手就砸他脸上了。"

"以前我千百次地想象过，失去了他，我该怎么活下去。我也一直以为，他是真的爱我，永远都离不开我的，现在才明白我真是蠢到一定境界了。"

"现在明白也不晚啊，"我把充好电的暖宝塞到小白怀里，"你年纪还这么小，走错了路看错了人都是正常，大不了重新来过。刚好赵总的助理要辞职，年后就不来上班了，你回公司顶替她的位置吧。你再回公司肯定没问题，总比什么都不熟悉的新人好。"

"嗯，谢谢你。"小白抱着膝说，"我原以为自己离不开的人，其实并没有那么重要，原以为离不开我的人，最终也变成了路人。现在才明白，这世上根本就没有谁是真的离开不开谁。"

"想通了就好。"我勾了勾她的小鼻子，"快睡吧，明天跟我去公司见副总。"

可能是真的很累了，她倒比我先睡着了，想想当初刚失恋时她夜不成寐的样子，听着她均匀的呼吸声，我知道她这次是真的想通了。

热恋期间的两个人总觉得谁也离不开谁，光是想想"分别"两个字都会觉得心痛不已。每个人从与母体分离时开始，就注定是一个独立的个体，这个世界上没有谁会真的离不开谁。一生中，有人疼你、爱你、宠你、牵挂你，是幸福，也是一种幸运。没有了这份宠爱也不必太难过，缘聚缘散是自然，也是必然。一段感情结束之后，最值得骄傲的是，自己曾经真诚过。

爱情没了，爱还在

既然无处可逃，不如喜悦。既然没有净土，不如静心。既然没有如愿，不如释然。

——丰子恺

苏姗提着两大袋生活用品从沃尔玛出来，她抬头看了看天，正是初春时节，阳光明媚，想要自己一个人走走。

向来不喜欢逛街的她，辞职后一直宅在家里，今天她不得不出门，因为家里所有的生活必需品全部用光了。按照以往的习惯，她从来都是直接打车回住的地方，可是今天，她突然想要自己走走。因为过不了多久，她就要离开这座城市了。她打算换个新的环境，然后将关于这座城市的记忆全部删除，如果做得到的话。

她在这个城市工作、生活了五年,早已习惯了这里的方言,习惯了加班后吃一碗街边的肠粉虾粥,习惯了那一群曾经在一起疯狂加班、下班瞎闹的同事,习惯了某个人的温暖。

想到这些,她忽然有些不舍。她要借此机会,再好好看一眼这座城市。这些年,她心里积攒了很多悲伤的心事,那些蝼蚁般的琐碎,渐渐消磨掉了她的勇气。所以,她觉得自己一生都不会再回到这里了,她要删除掉与这里有关的一切记忆。

说到底,她不过是个怯懦的女子,一个正在努力逃离伤痛的女子,怯懦让自己无地自容。

她在通往住处的途中,看到了很多熟悉的地方,比如和同事们一起唱过歌的KTV,自己常去的西餐厅、湘菜馆、路边的酸辣粉小店,还有最爱的那个人常带她去的韩国料理店。初到这座城市时,她把第一个月的薪水全部拿出来在街口那家珠宝店里,为妈妈挑选了一个宝石蓝的耳坠,她曾在那里告诉自己,此后的日子里妈妈每一个生日她都绝不再缺席。

她走近广场中间的喷泉,记得自己第一次来到这座城市,就迷失在纷乱的霓虹灯里,孤身提着笨重的行李,走在行色匆匆的人群中。一直在这个城市里生活的他,在电话里嘱咐她不要乱走,十分钟后,便赶来接她。

可惜，可惜在过去的两年里她太忙了，每次外出都是打车。她没有时间也没有一颗安然的心去打量这里的每一条街、每一处景色。那段岁月里，苏姗的生命里只有两件事：工作，爱他。

真是太遗憾了。她到今天才发现，原来这个城市是如此美丽与温馨。

生活在这座忙碌的城市，因为疲乏困倦，因为看不清方向，因为各种各样的原因，她错过了很多美丽的风景。只有一直走下去才能看到，这个生活了多年的城市，还有那么多未曾相遇的风景。

这一刻的苏姗很庆幸，还好，还好有机会让她发现很多很多，她曾经没有发现的东西。比如有一家服装店，里面的旗袍比自己常去的那家旗袍店款式多很多；比如一条偏僻的小巷里有一家面馆，闻着里面飘出的香气很有家乡的味道，门口擦拭玻璃的老板正在和收银台的老板娘大声地说话，正是家乡的方言。

还比如，她一直认为相距很远的游泳馆与图书馆其实距离很近；当年迷路时看到的那个喷泉，其实离自己上班的地方只隔着一条街。路过一家日本料理店，苏姗驻足看了看，很早以前就听同事们说过这里的东西很不错，她也一直想要过来尝尝，可惜一直没有时间过来。直到今天她才发现，这家店就在她常光顾的西餐厅的斜对面，很近很近。

她每次打车都会路过这里，只要肯转头四顾，就会看见这家店。可惜，苏姗没有这样的习惯。

苏姗是个目标明确的人，明确到无论做什么事都会有固定地点、固定路线，除此之外决不转目它顾。

她总是太容易把所有的心思与精力，都放在自己最在意的人与事上，然后不经意间错过很多很多更加美好的东西。她太喜欢孤注一掷，也因此，顾此失彼。认定了某家店，无论是服饰还是餐饮，她就会把那个店、公司与住处三点连成一线，变成一种固定的生活模式，而忘记了远处有更好吃的餐厅、更适合她衣着风格的服饰店。

对事物如此，对人，更是如此。受到的伤害自然也就更深更痛。

手里的购物袋越来越沉，两只手也开始疼起来，已经走了很久了，明明二十多分钟的路却走了一个多小时。苏姗看了一圈，发现她居然站在了沃尔玛的对面，天呐，她居然又一次迷路了。

苏姗低头看了一眼脚上的高跟鞋，从来没有徒步走过这么多路，有些撑不住了。她习惯性地掏出手机，摁键盘上的"1"，那是她曾为他设置的快捷键，长摁就可以直接拨通他的号码。

错了，苏姗像被烫到一般，急忙松开手指。她又一次忘记了，半年前，他就离开了与她共同的住处，再没有过问过她的生活，他从她的世界里彻底消失了。真的错了，她悲哀地摇了摇头，她已经没有再向他求助的资格了。

他离开后，苏姗换掉了手机，新的手机里没有他的号码，没有他的任何信息。可是，即使如此，他的手机号码依旧深存于她的记忆里，向来记不住数字的苏姗却无论如何也忘不了那组数字。那组数字，像烙铁一样深深地烙进了她的心底，就连岁月也无法将其抹去。

怔了好一会，苏姗忽然感觉有些饿了，茫然四顾的时候发现周围有很多饭店，但她一家都不想进。最终还是乘出租车回到住处，然后给自己准备一下泡面。她开始收拾东西，因为明天就要离开了。

在这个屋子里生活了五年，要收拾的东西应该特别多。可她在屋里转一圈发现并没有多少东西可带走。这里的每一样东西上都有他的气息，这些东西，苏姗都不打算带走。

她忽然觉得，自己执意要走回来，或许不只是为了好好看一眼这个城市，也是为了在离开之前去会一会曾经的自己。这个喧嚣城市的背后，曾有着她绝美的孤独，和热泪盈眶的青春。

最终，可以打包带走的只有一点简单的东西，一如她当年来时的样子。

去时，依旧是来时的模样，只是眼里再不见当年那明媚又晴朗的笑容。

总有一个人，一直住在心底，却告别在生活里。总有一段人生，一直存在梦中，却封存在回忆里。不管有着怎样的过去、怎样的回忆，那都是我们活过的人生。所有的得到或失去都是生命的馈赠，如果逃无可逃，不如让心喜悦；如果不能如愿，不如让心释然。

在一个流行离开的世界，我们都不擅长告别

人都说顺其自然，其实一点都不是，而是实在别无选择的选择。

——李宫俊

校园里的迎春花开得正盛，洛洛拎着接满水的暖瓶凑过去闻了闻，正巧看见两个依偎在一起的身影从旁边走过去，她恍了一下神儿，手被忽然溢出的水烫到，感到一阵剧痛。她尖叫了一声扔掉暖瓶蹲在地上。

旁边的室友急忙拉过她被烫伤的手，却被她推开了。她大声说："不要你管。"泪水在眼里打着转。

室友恼了，甩下一句："你就是活该。"转身就走了。

洛洛蹲着，偷偷抹了眼泪，然后看见了一双黑色的球鞋，瞬

间跳了起来，像被什么蜇了似的，扭头就跑，暖瓶在她身后碎了一地。

这是很早前的一幕，她错过了一个很好的人。

刚入学时，洛洛在同乡会上认识了一个男孩，他与洛洛来自同一个地方，是她的学长。

那一年，家里不知道出了什么事，每次生活费都要洛洛打电话，家里才给。每次接电话的都是爸爸，然后会给她打很少的一点钱，还再三叮嘱她一定得省点用。

她觉得很委屈，感到父母不再像以前那样疼爱她了，生活也因此陷入了困境。

有一天，身无分文的洛洛饿晕在校园里，醒来时已躺在学校的医务室，旁边坐着室友和学长。听室友说，是学长背她过来的。见她醒来，学长出去给她买了一杯豆浆，是现磨的，还冒着热气。他说这种情况得先进点流食才好，缓一缓再吃东西。

洛洛突然想要找个地缝钻进去，因为穷到被饿晕实在不是件光彩的事。那个年纪自尊心最强，她觉得好丢脸。喝完豆浆，便跌跌撞撞地跑出了楼道，隐约听见学长在后面喊她。因为头晕，耳朵也在嗡嗡作响，她根本听不清他当时喊了什么。

室友过了很久才回到寝室，她扔给洛洛一封信，里面装着一些钱。

"学长给你的，免得你饿死。"

"我不要。"她不喜欢这样的施舍，突然觉得脸上烫得厉害，有说不清道不明的委屈。

"不要啊？不要自己拿去还学长啊，你饿死了别找我托梦就行。"室友把手里的东西扔到她床上就出去了。

一个袋子，里面装着一盒牛奶和两个包子。

浑身乏力的她心里想着：吃饱了再去还学长的钱吧。

那个信封里的钱，她并没有还回去，人穷志短，她再忍受不了饥饿的滋味。再强的自尊心，也敌不过对食物的渴望。不过她很快在校外找到了兼职的工作：迪吧领舞。除了这份工作，好像也没什么可以做的了。每天下了晚自习就去上班，那会儿已是九点半。

在那种环境中，舞跳得好不好并不重要，重要的是漂不漂亮。洛洛算不上舞技精湛，但至少人长得好看。她经常深夜回来，好在门卫保安都知道她的境况，所以不会为难她。

家里为什么总不打生活费，这几乎快成了她的心结。她怎么也想不通，便去催问爸爸。他只是沉默着，什么也不肯说。

值得庆幸的是，她并没有因为打工而荒废学业。

有一天她喝醉了，一个醉鬼一直缠着她喝酒，她好不容易才逃了出来，回到宿舍趴在床上吐得撕心裂肺。室友暴怒："这味儿叫人怎么睡觉？"

室友是个好人，虽然吼可还是给她收拾了残局。

那年寒假爸爸不让她回家，奶奶家在邻近学校的城市，她打电话给奶奶，奶奶说叔叔和姑姑冬天要过去，人多会住不下。

看着同学们纷纷回家，她却无处可去，瞬间有一种被抛弃的感觉，满腹心酸。这样也好，可以在寒假期间打工，为自己赚取下学期的生活费，开学以后就不用那么辛苦了。而且最好能把学长的钱给还上。

她白天去饭店打工，晚上依旧去迪吧领舞，虽然这份兼职的工作让一部分同学总是用异样的眼光看待她，可她觉得自己没有做任何下贱的事，也从来都没有迷失过自己，凭着自己的努力养活自己，她心安理得。

情人节那天下着雪，学校还没开学。她疲惫地回到寝室，却发现寝室的灯亮着。室友已经回来了，正在整理东西。

看着她诧异的目光，室友把从老家带来的风味零食扔过来："反正过完春节也闲着没事，回学校安静些，顺便看着你，别被狼叼走了。"

她冲过去抱住她又哭又笑。

"学长也回学校了，刚才找过我，让我带点东西给你。"室友挣脱洛洛的拥抱，从她杂乱的床上抽出一个米色的盒子给她。

洛洛愣了一下，然后抱着盒子坐在床上，过了很久才慢慢打开，里面放着一朵玫瑰、一个首饰盒、一个信封。

首饰盒里是一串水晶手链，信封里是钱。

看着这一切，她忽然没头没脑地说："我虽然在饭店和迪吧打工，但我没做过肮脏的事。"声音有些飘忽。

"我知道呀，"室友整理着东西没有抬头，"学长也知道。"

"我不是用钱可以买的！"洛洛的声音不大，但字字清晰。

室友气愤地说："你说的这都什么屁话，把学长当什么人了，把自己当什么人了？就你这性子，真不知道学长喜欢你哪儿……"

室友叉着腰："学长什么心思你难道不比我清楚？他上学期怎么帮你的，你整天这么装累不累？学长人长得帅，又有钱，又有才华，更难得的是对你一片痴心。他哪里配不上你了，你一直拒绝人家？我说你矫情个没完没了还……"

"我不是矫情，"洛洛起来把手里的盒子扔给室友，然后在枕头下抽出一个信封，"这是上学期他给我的钱，你和这些东西一起帮我还给他吧。"

"要还自己还！"室友恼火了，又把东西扔了回来，"这是你俩的事，老娘伺候不下去了。你们自己折腾去！"

她一张一张地捡起洒在地上的钱，整齐地装进信封，这都是她的辛苦钱。

夜很深了，纷扬的雪还在下个不停，校园里没几个人，地上平整的积雪冷冷地反射着路灯的光。

抱着盒子出来，她看见学长正靠站在宿舍楼前的檐下。他很高，足足高出她一头，他的目光，依旧没变，就像那天在医务室看到的那样，温柔中带着关切和怜爱。

"从一开始我们就不是平等的，你是援助也罢，是施舍也罢，我都无法接受这样一份感情。"她把盒子递给学长，不等学长开口就头也不回地进了楼。

寝室楼下正对着操场，她看着他坐在操场边上的长椅上，一根一根地抽起了烟，她第一次见他抽烟。

当时已经很晚了，第二天还要去打工，她转身去休息了，也不知道学长什么时候走的。

她终于在开学前赚够了生活费。这段日子她过得很辛苦，没有那么多闲情去风花雪月。

开学没几天，室友抱着书站在她面前："他有女朋友了。"

她盯着眼前的书，没有抬头，没有出声。

"自作孽吧你。"室友走了。

吸了吸鼻子，然后喝了几口水，她压制住了喉咙里的一抹哽咽。

被烫伤的手起了水泡，洛洛一个人向医务室跑去，扔在身后的暖瓶，就像碎了一地的心，每一个残片都在喊着疼。

那个学期她已不缺生活费，家里也开始按时打钱了，她告诉爸爸不用了，她有钱。

爸爸说，那年妈妈在田里干活，不小心摔下了山，全身十多处骨折，命悬一线。当时为了救妈妈，不仅用光了家里所有的积蓄，还欠了亲戚不少钱。因为不想让她担心，影响学业，所以才隐瞒至今，因此委屈了她。

学长毕业了，后来就没了消息，只听人说他去了南方的大都市发展。

一年后洛洛也毕业了，她留在了学校所在的城市，过着平静的生活。偶尔闲暇时，她会回到学校，在操场边的长椅上坐上很久很久。久到路灯都亮了，看着学弟学妹们成双成对地疯玩疯闹。

每当她坐在这里的时候，就会想起他。现在的她，似乎能够体会得到当年他坐在这里时的心情了。她忽然想到南彝组合的那首《错过了你》，歌词里写道："我错过了这风景，我的心已乱如麻，我的人疲惫不堪，今夜月光是否照着你的窗，你是否也会想起我……我真的错过了，这片风景。"

可是突然有一天，当她再次坐到很晚，晚到学校的人门即将关闭，她准备起身离开的时候，一个长长的影子落在了她的膝上。

她抬头对上的目光，一如当年：温柔、关切、怜爱。

她的腕上戴着一串水晶手链，遮掩着烫伤的疤痕。

那年的情人节，她抱着米色盒子在楼梯上坐了很久，取出盒子里的手链，把它装进了最贴身的口袋。

有些事错过很可惜，只是当时已惘然。也许命运很喜欢和人开玩笑，可最终的决定还是自己做的，所以这苦，这错过后的泪水，都要自己去承受。身不由己时，我们舍弃的，也许永远都无法找回了，可正是这种巨大的伤痛让你学会了珍惜，珍惜日后的每一份馈赠、每一份真情。

我要嫁的不是你爹的儿子，而是你

你若想得到真爱，就需要先具备独立的能力。真正的爱情只能发生在两个成熟独立的个体之间。

——meiya

罗桥是个画画的，暂时还算不上是画家，因为迄今为止他的画作没卖出过一分钱；也算不上是画匠，因为他从来不替别人作画以换取报酬。

罗桥是个浪漫的人，每天的生活就是背着画夹游山玩水，晚上呼朋唤友从城东喝到城西。他会为了画日出，用整夜的时间去爬华山，会为买一幅名作而节衣缩食，再饿狗似地跑到兄弟、朋友家讨吃讨喝。他很善良，在路边看到一只冻得发抖的流浪狗，会脱下自己的羽绒服，只为给它做个还算温暖的小窝，即使他知道第二天一早，这件羽绒服就会被清洁工或拾荒者捡走，然后自己在零下十几度的马路上瑟瑟发抖。

罗桥是个执拗又天真的人，会因为别人嘲笑自己的梦想而跟对方大打出手，当然多数时候挂彩的都是他。

他还是个多变的人，会像流氓一般光着膀子与哥们吆五喝六地划拳喝酒，也会穿着整齐、笔挺的西装温文尔雅地微笑。

朋友们聚会的时候经常和他开玩笑：不知道什么样的女人才能拿捏住他，但愿这个女人快点出现，早点收了他，免得他一天到晚祸害人间。

这个女人很快就出现了。她是个酒吧驻唱的歌手。

那天罗桥应朋友之邀去一间新开张的酒吧喝酒，结果一进门就怔住了，眼睛紧紧地盯着台上唱歌的女人，她抱着吉他嘶吼着《像梦一样自由》。据他后来说，那一刻，他感觉被人掐住了喉咙，几乎令他无法呼吸。

这间酒吧的老板就是罗桥的朋友，他说罗桥当时看那女人的眼神，就像一只饿狗看见了骨头，两眼喷着绿光，就差没淌出口水了。

朋友哭笑不得，一巴掌拍在罗桥头上："归魂了，归魂了，喜欢这妞儿？一会叫她过来喝酒就是了，用得着饿狗似的盯着吗？"

他疯狂抓住朋友的胳膊："她叫什么名字，她是哪里人？爱喝什么酒？是怎么来你酒吧的？你们以前认识吗？她有没有男朋友……"

朋友看着生生被掐出两片瘀青的胳膊，恨不得一巴掌把这个"二货"呼到墙上去，最好是抠都抠不下来的那种。

罗桥喝酒向来一喝就不要命，今天却一口酒都没动，千方百计地从朋友那得知了女孩儿的基本信息。女孩叫燕子，今年二十三岁，当地农村人，家境贫寒，一直在南方某城市做酒吧驻唱，据说还在街边和地下通道卖过唱。朋友酒吧开张时她来应聘，朋友见她唱功不错，便让她留了下来。

到她休息的时间，朋友让人叫她过来喝酒。她脸上没什么表情地走过来，扫了众人一眼挑了挑眉。一头及腰的长发挑染着几缕银白，面着浓妆，烈焰红唇，一对眸子颇有些清高孤傲的神采，一身儿露脐的暗红紧身皮衣，性感又不俗气。

她整个人就像一团火，烧得罗桥的心一阵阵地颤抖。

无论划拳还是掷骰子，半个小时下来，燕子一次都没输过，倒是其中一个朋友差点没喝死过去。

燕子打关，轮到罗桥时，也不知他是哪根筋搭错了，起身拽起燕子就跑，身后传来狐朋狗友们发疯似的起哄。

深夜的路灯照着冷清的大街，偶尔有一辆豪车闪过，副驾上坐着妖艳的女人。

都是放荡不羁的人，罗桥想也没想便吻了下去。原已做好挨巴掌的准备，脸上却迟迟没有火辣的感觉。

放开她的唇，她正满眼玩味地看着罗桥，之后便去了罗桥的住所，她把衣服层层剥落……

然后，罗桥为她画了一夜写真，直到天明。

燕子穿好衣服，饶有兴趣地翻着罗桥一夜的成果，画中的她，妖娆妩媚。

"对了，燕子是假名儿吧，能告诉我你的真名吗？"罗桥活动着酸疼的手腕。

"艳芳——艳冠群芳的艳芳。"洗去铅华的艳芳，素颜若雪，灵动如花丛蝶舞。

没多久，他们就相爱了，出双入对恩爱非常。本着"朋友妻不可欺"的原则，罗桥的那帮哥们儿便不敢再骚扰燕子了。

她依旧每晚都化着浓妆在酒吧里驻唱，罗桥依旧每天背着个画夹到处乱窜。朋友告诫罗桥：酒吧不是什么好地儿，要是真心打算在一起就别再让燕子去驻唱了。

罗桥满不在乎，他说她有选择自己喜欢的职业的自由，任何人都不应该横加干涉，即使以爱为名也不可以。

罗桥相信燕子，他认为燕子耿直率性，不会虚伪做假。燕子说爱他，那就一定是真的爱他，他不需要用世俗的枷锁去束缚她。能被束缚的燕子也不是他爱的燕子，而他自己也不是那种没有自信的男人。

恋爱两年后，罗桥向燕子求婚。结果出乎意料，他竟然被她拒绝了。

她玩着手机，头也没抬地扔出俩字："不嫁。"

"为什么？"罗桥吃惊地问，"你今年都二十五了，再不嫁该成剩女了。"

"你觉得我是那种年龄一到就害怕被剩下，然后随随便便就嫁人的女人吗？"

"不是，不是，对不起。"罗桥急忙道歉，"我是说我们都谈了两年了，感情一直都很好，那结婚不是理所应当的吗？为什么还要拖着？"

"对呀，我爱你，这是真的。"燕子右手的小指缠绕着染成红色的长发，"虽然很爱你，但我不愿意嫁给一个穷鬼。就这么简单。"

燕子说得利落干脆，罗桥听得目瞪口呆，顿时不知该如何反应。

罗桥当天就跑到朋友的酒吧，喝得烂醉，又哭又闹："她凭什么嫌我穷啊，我穷吗？我穷吗？她爹妈都是面朝黄土背朝天，苦哈哈的泥腿子、老农民，她一个从山里跑出来卖唱的穷丫头居然还嫌我穷……她凭什么嫌我穷……"

燕子拒婚的理由居然是嫌罗桥穷，朋友们被雷得不知如何劝他。

罗桥神志不清，吐得满身都是的，嘴里不停地念叨着燕子。朋友一生气，就开除了她。燕子也不辩解，面无表情地拿着她应得的工资，背起吉他扭头就走。

罗桥伤得不轻，在醉乡中消沉了很长时间，后来去了南方。他打算走得远些，这样就能忘记燕子。虽然被她伤得很深，可他仍然每天都梦见她，梦里的她依然有着烈焰般的红唇和炽热的双眼，依然如女王般弹着吉他，唱着摇滚。

靠父母生活近三十年，他总得自己站起来。离开燕子以后，他找了人生中第一份正经工作，不再像从前那样整天过着闲散的生活。他每天都在努力工作着，在流水线上看进度，和制造部经理扯皮催货。可他从不曾放弃梦想，每天下班后总会在自己的出租屋里画画。

这些年孤身在外漂泊得太久，他突然开始想家了，想亲人，想家乡的狐朋狗友。他决定辞职回家，临行时，试着拨打了燕子的电话。让他意外的是电话居然打通了。

"燕子，我要回来了，你会到车站接我吗？"说话时，他的手一直在抖。

电话那端一直沉默，沉默到他几乎要放弃了，突然传来了熟悉的声音："好，我去接你。"

罗桥欣喜若狂，背上画夹和简单的行李就踏上了归程。包里有他这几年卡上没花光的工资。

白天的燕子是不化妆的，依旧素净清雅，紧身的牛仔裤，白色的T恤，挑染的及腰长发。岁月没有在她身上留下丝毫的痕迹。

"我一直都没想通，你怎么会嫌我穷呢？"这是他这几年来怎么也想不通的问题。

"难道你不穷吗？"她反问，脸上的表情很认真，没有半点戏谑。

"我穷吗？"罗桥百思不得其解，"你在我那住过，我记得你挺喜欢我的房子的。说句你不爱听的话，我至少比你富裕吧？"

罗桥的房子很大，装修得十分豪华，他曾经看出了她眼里的喜欢。而且那只是罗桥暂时居住的小房子，他们家还有一栋别墅是父母住着，一套三居室弟弟住着，乡下还有两处院子，偶尔闲暇了去休假的地方，一家四口每人一辆豪车。放在这个城市里，虽不算超级富豪，那也数一数二了。罗桥的朋友们得知燕子拒绝罗桥的理由是嫌他穷，一个个都被"雷"爆了。

"是啊，我挺喜欢你的房子，"她认真地点头，"谁不喜欢美好

的事物？那房子确实漂亮，你家里也确实有钱，我都明白，可是，
那就代表你不穷吗？"

"我还是不明白。"罗桥都快疯了，他不明白她到底想说什么。

"出去这几年，你居然还没想明白。大学毕业了你也不上班，
所有的吃穿用度，都是你父母辛苦打拼赚来的，那能算你的吗？"

她深深地吸了口气："你说你至少比我富裕，你确定吗？我虽
然家境贫寒，但我懂得自食其力。在酒吧唱歌，甚至是在地下通
道里唱歌，我都是自食其力的，而且还能用赚来的钱孝敬父母。
所以，你确定你比我富裕吗？你家比我家富裕，但不代表你这个
人会比我富裕。一个人能心无旁骛地追求梦想这固然可贵，但梦
想不能成为你啃老、当父母寄生虫的理由。"

这番话犹如醍醐灌顶，让罗桥幡然醒悟，一个人如果不是靠
自己的双手来创造财富，哪怕是家财万贯，也依然是贫穷的；一
个人即使一贫如洗，只要能自食其力，即使过不上大富大贵的生
活，他也依然比前者富有。

"对不起，我错了。"罗桥的脸上有些发烫，"父母为我存下了
花不完的钱，还有房和车，那时候的我以为父母的钱就是我的。
他们对我没有要求，我就可以完全不为生计操心，可我居然忘记
自己早就长大成人。"

"对不起啊，"燕子满脸歉意，"其实我当时只是想提醒你，如果想结婚，你至少得能离开父母，做个独立的男人，只是我说话的方式不对。晚上去上班才知道你因为我的话，在酒吧里喝了一天的酒。你朋友向我示威，可我向来吃软不吃硬，最后什么都没解释地离开了，却不想我们一别就是好几年。"

罗桥从包里拿出两样东西，单膝着地："对不起，我耽误你这么久。这是我的工资卡，这几年上班赚来的钱都在这里了，保证里面没有父母的一分钱，我向来花钱大手大脚，就剩下这点了。"

他打开手里的绒盒："这是铂金戒指，现在的我还买不起钻戒，我发誓我正在努力成为一个顶天立地的男人，将来一定给你换一枚钻戒。现在你还愿意嫁给我吗？"

燕子伸出手，笑中带泪。

谁说"富二代"不配有真挚的爱情？应该说"纨绔子弟"才不配拥有。一个人无论贫穷还是富有，只要他能独立生存，就配得上一份真挚的爱情。

只有不怕孤独才能迎来自我，只有独立自我的人才有资格获得爱情。为了自己想过的生活，要勇于放弃一些东西。如果你要自由，就得牺牲安全。如果想要闲散，就别想获得成就。每一次前行，都注定要离开你停留的地方。

第二章

你凭什么过上你想要的生活

人生自有其沉浮，每个人都应该学会忍受生活中属于自己的一份悲伤，只有这样，你才能体会到什么叫作成功。

——李嘉诚

生命必须有裂缝，阳光才能照进来

万物皆有裂口，这样曙光才能照进其中。

——莱昂纳德·科恩

刚刚接到颜妍的电话："我刚办完离婚手续，近期回兰州，我们见见吧。"

我答应着，踟蹰良久，终究还是忍不住问她为什么。

"我累了。"在电话里听不出她有任何情绪，"我和韩城的事，你最清楚了。"

我一时哑然，他们走到今天这步，也是意料之中，这个问题的确有些多余。

在兰州读书时我认识了颜妍，她是兰州本地人，父母在当地都颇有名望。她爱书，爱女心切的颜父便租下一栋三层小楼，经营起一家书屋，请了亲戚来打理。刚好颜妍在附近的大学念书，每天从学校回来，便待在那里看书。我几乎每天光顾她家的书屋，久而久之，我们便成了无话不谈的朋友。

久居温室，备受呵护的颜妍，眼神清澈，内心单纯。

她是来学校找我时遇见韩城的，时至今日，我都觉得那是个天大的错误。

若非我，若非韩城，她也许会有一个明朗的人生。

韩城是学生会主席，与我同班，高大帅气，成绩也是数一数二的好，与周围人的关系也都处理得很融洽。与其他男生不同的是，他不玩网游，不谈恋爱。

与他接触过的女孩都会迷上他，除了我。我不喜欢他，是因为他表现出来的一切都太好、太完美。人不可能完美，有缺点的人更真实，更像有血有肉的生命。像韩城这样的人，未免过于虚伪，或者有些……工于心计。而颜妍，又太单纯。

喜欢韩城的女生太多，但凡是大胆表白过的女生，都被婉拒了。我劝颜妍离他远点，她不仅不听，还对我心生嫌隙。她怀疑我暗恋韩城，所以嫉妒她。

两个女生的友谊常常因为一个男人而变淡，我们的友谊就折损在她太爱韩城。她不相信，这世上还有女生不喜欢韩城的。这种心理其实是可以理解的，喜欢一个人会将对方的优点无限放大，放大到一定程度就会被光环遮住耳目，对方在你心里就是完美的，你以为你爱的是对方，其实你只是爱上了自己的幻觉。

我们的关系渐渐疏远，她与韩城的关系越来越近，过生日时，韩城还为她办了生日宴。

有人说，恋爱中的女人最美，那时的颜妍的确美得让人有些眩目，眉梢眼角，流露着藏不住的幸福。

"过生日不回家陪父母？"这是整个宴会上我和她说过的唯一的话。

但她没有回答，转身走了。

大四开学伊始，颜妍便央求父母替韩城安排了一份人人称羡的工作。韩城愈发神采飞扬，颜妍对自己的工作并不太上心。想想也是，那种家境的女儿，自然是不用为生活担忧的。

因为一些意外的发生，原本打算留在兰州的我不得不去了上海，临走那天，颜妍特意交代韩城送我去机场。在机场，我还是没忍住对韩城说了心里话："其实女人很敏锐，你爱不爱她，她一眼就能分辨出来，只不过有的装傻，有的自欺欺人，有的委曲求全，决定和你一起演。"

听完这些话，韩城的脸色微微有些变化。我没有再理会他，转身离开了。

没想到，这一走，便是十年。以前看到过一句话："物是人非，是这世上最残忍的词。"

可当我再次站在兰州街头时，才明白：物是人非算什么，人物皆非才是这世上最残忍的词。

自认为对兰州熟悉到骨子里的我，却在一个很平常的地方迷路了，简直是晕头转向，最后被颜妍找到了带回家。

"你当初是对的，我真不该为了那个男人而疏远你。"她低头细嗅手中普洱的气味，曾经秀丽的直发，如今变成了妩媚动人的卷发。当年的明媚灿烂，在她忧伤的脸上依稀可见，只是双眸里的忧伤，深不见底。

"毕业没几天我们就结婚了，我妈妈很中意，但我爸爸和你对他的看法一样，只是拗不过我和妈妈，也只好妥协了。我们很快有了孩子，是个漂亮可爱的女儿，韩城却并不高兴，他家是陕北农村的，重男轻女的思想非常严重。他不惜一切代价也要生个儿子，否则对家里的老人无法交代。

"可我不愿意超生，那样会影响到父母。他要我把女儿送人，我坚决不同意。后来，他又让我把户口迁到他家，到老家可以想办法。

"父母一直反对，我执意要求，他们只好妥协。老家环境太恶劣，爸爸到那儿看了一眼，就走了，眼里含着泪。父母帮我们付了首付，我们才终于在陕北安顿下来。

"付了首付之后，他立刻把家里的老人接到榆林，那时候女儿还小，我们要还房贷，开销很高，生活压力特别大。但我觉得只要跟丈夫在一起，再苦我也不怕。后来我接连又生下两个女儿，他和老人的脸色越来越难看，超生罚款还是我父母给交的。"

我静静地听着，她的声音开始变得颤抖，里面仿佛压抑着很多不可言说的痛。

"压垮我的最后一根稻草是，有一回，赶上节假日，我爸妈开车来看我。因为生儿子的事，他们和韩城发生了争执，一气之下回了兰州，当时正是深夜。途中被一辆大货车撞下高速，两人当场就去了。更让我意想不到的是，我刚刚继承了父母的遗产，他就迫不及待地逼我卖掉房子，然后把钱给他拿去做生意。他甚至还打算用这些钱去找人代孕。"

听到这里，我简直不敢相信这一切居然是真的。

"你同意卖房子了？"

"那是我爸妈留给我的，坚决不能卖。"她给我了一个安心的笑容，又说，"为此他竟然对我实施家暴，公婆也帮着辱骂我。我连夜离家出走，在宾馆里住了两天。后来得知刚满周岁的小女儿发烧了，我才急忙赶回家，却被他们锁在门外，我跪地哀求，无人回应……"

提到孩子，她泣不成声，我将她揽在怀里，轻言安慰："没事了，离开他一切都会好起来的。幸好，我们不是离开男人就不能生活的女人。"

颜妍擦了擦眼泪："其实我早就知道了，他不爱我，也不爱任何人，他只爱自己。"

她沉默了片刻，又说："可他是我这辈子唯一爱过的男人，再苦再难我也愿意陪他一起闯，再委屈再伤心我也都埋在了心里。这些年我一直在欺骗自己，我自欺欺人地让自己相信他是爱我的，只是琐碎的生活消磨了我们当初的激情而已。可装得太久了，我也累了。在外时，我们一直在演一对恩爱夫妻。可演得久了，就算是绝世名伶，也有撂场子不干的一天。"

与颜妍分别后，我想起了星爷的《大话西游》。

"我猜中这开头，却猜不到这结局。"可悲哀的是，有些时候，我们明明也能猜到悲剧的结局，却依然忍不住要执拗地走下去，直到伤痕累累，满心疲惫，才想起要回头。

后来，她发过来她和女儿们的照片，大小四个人，笑得很欢畅。她说，扔下了过去的包袱，她现在过得很好，虽然一个人养育三个女儿很累，但也有着外人不能体味的幸福。

"有空再来兰州，孩子们要认你做干妈呢。"

"好，没问题。"我从心底泛出微笑。

这些年过去，颜研的眼里早就没有了从前的清澈。但，让我感到欣慰的是，她虽然经历了巨大的伤痛，可笑容依然有着十八岁时的明艳。

有时候是我们看错了世界，却说世界欺骗了我们。有时候是我们太过执迷，却总说生活不尽人意。一切美好都在曲折地接近自己，也许一切笔直都要经过弯曲，也许时间本身就是一个圆圈。

无论多少苦难，生活总要继续。我们的身边，从来不缺少希望，就像毛乌素大沙漠，即使再恶劣的环境，也不能阻挡沙柳岁岁年年地生长。

生活无论有多少阴霾，我们也总能在心底，开出一朵属于自己的花来。

愿你永远无畏时光，给自己疗伤。

做自己的梦，走自己的路

每个人都有他的路，每条路都是正确的。人的不幸在于他们不想走自己那条路，总想走别人的路。

——托马斯·伯恩哈德

夏天的阳光很毒，即使到了傍晚，依然有些刺眼。倩然身体不太舒服，把事情交代给店员后，就匆匆地回家了。

她简单地为自己做了顿晚餐，吃过饭，收拾好房间，早早地去睡觉了。

倩然今年四十六岁，大多数女人在她这个年纪，早已为了家庭琐事操碎了心。只有她孑然一身二十年。她看起来很年轻，不认识她的人一般都会以为她只有三十几岁。

其实，她也有过热烈的爱情、幸福的婚姻，只是都昙花一现，像梦一样结束了。

二十岁那年，她遇见了人生中第一个让她深爱的男人，并一度认为他就是命中注定、此生的唯一，自己会与他牵手一生。女人最愚蠢的地方就是，她们总会把爱情当成一切，尤其是结婚之后，大多会沦为家庭生活中最大的奉献者。

倩然从小就学舞蹈，但总也没能走上更大的舞台。她刚一毕业就结婚了，然后很快就怀了孩子。那时老公对她体贴入微，要她回家安心养胎，她便放弃了最爱的舞蹈，在家照顾丈夫和老人，完全成了全职太太。

那时候的她享受着前所未有的幸福，丈夫收入不错，生活富足，而且公公婆婆对她也挺好。一家子住在一个屋檐下和睦美满，简直是模范家庭。亲戚们都很羡慕她，说她命好，找了个好老公。女人是弱者，幸与不幸全部都可以推给命运，所以女人比男人信命。

人们评价男人跟女人是否幸福总带着世俗的标准，我们评价一个男人成功与否，多半是看他的事业，评价一个女人是否成功时，往往看她有没有一个幸福的家庭。女人只要拥有了令人羡慕的丈夫、美满的家庭，这辈子就算圆满了，处在幸福中的女人就可以安逸地过一生。

投资感情与投资事业是不一样的，事业失败了你还可以从头再来，这么多年积攒起来的经验、人脉都可以帮助自己东山再起。可感情不一样，失败了就是一败涂地，大好青春年华一去不复返，不仅如此，自己还要花一大段时间来疗伤。失败的感情对人生几乎毫无意义可言。男人更看重事业，女人更看重爱情和婚姻，两者比较，女人的幸福更是来之不易。

每个人的青春，终逃不过一场爱情。在这里，有爱，有情，有欢喜，却单单没有永恒。

很多人生活在幸福安逸时，总是忽视一些潜在的风险，所谓"天有不测风云，人有旦夕祸福"。大家不喜欢把这些话记在心里，因为觉着不吉利。

其实吉不吉利，并不由着人的心意来，该来的，始终会来。

倩然难产，危急之下医生全力顾了大人，孩子没能保住，她从此失去了再做妈妈的能力。

这便是她灾难的开始。

从那以后，老公和公婆对她的态度再不复从前。老公经常不回家，回来了也从来不理她，公婆更是经常恶语相向。

仿佛一下子从天堂掉进了地狱，她很伤心，但她依旧爱那个家，依旧承担家里全部家务，依旧悉心照料公婆。因为丈夫说过:

"你若不离，我定不弃。"

她觉得那是一句绝美的誓言，并死心塌地相信着。誓言这个词原本就是一种对美好的憧憬，只能代表当时一刻的爱情，那一刻彼此的心意是真诚的，可那从来不是真实的生活。

那一年她病得很严重，医生说这病需要大笔的费用。她没有生活来源，一旦老公不管她，她就身无分文，更别提治病了。

他们觉得为她治病的钱，完全可以再娶一个媳妇了。于是在一个大雨滂沱的早晨，将她赶出了家门，连件换洗的内衣都没给她带。她万万没想到，自己一直坚信的美好竟然这么快就破灭了。

她拦着客车司机，苦苦哀求，司机心软了，免费将她带回了娘家。可娘家也不再是避风港了，爸爸已经过世，妈妈也已高龄，连自己都需要人照顾，哪里还能照顾重病的女儿。

嫂子从早到晚指桑骂槐，恶言不堪入耳，哥哥懦弱，也帮不了她。那时候，她真觉得自己活不下去了，即使不病死，也没有了活下去的信心了。

有一天，嫂子竟然把一碗面泼在她脸上。她看着哀哀低泣的妈妈和垂头不语的哥哥，转身出了门，寻了一棵杏树，想要自尽，幸好被路过的堂嫂救下来。堂嫂心善，搜尽家里能拿出来的钱给了她，让她去大城市谋生。

或许人一生的灾难都是有定数的,所有的灾难都经历了,接下来的路可能会顺畅些。

她拿着堂嫂给的钱去了深圳,在那里打工,每天省吃俭用,慢慢地病也治好了。

自从来到深圳,她就再也没回过家。深圳是个只要肯努力,就能找到机会的城市,她甘愿留在这里。而家只会让她更伤心。

刚来那会儿她就是摆地摊,卖一些小饰品,生意小,但销量很大。后来她租下一个小门面,饰品种类多了,档次也逐渐提升,利润空间越来越大。

一个女人,一旦对生活有了信心,整个人都是光彩照人的,更何况倩然多年学习舞蹈,身材和气质都十分出众。没过多久,身边就开始有了追求者,但都被她婉拒了。别人说她眼光太高、太挑剔,她却一笑置之,从不解释。

有了积蓄,她打算在深圳买房定居,就在这期间接到了家里的电话,是侄女打来的。她哭着求倩然回去,说妈妈虐待奶奶,奶奶已经有一年多没吃过饱饭了,爸爸惹不起妈妈。

她这才惊觉,那个曾与她同样无助的母亲正陷在生活的囹圄里,她怎能抛弃?于是她迅速清理好深圳的生意,回到了家乡。

回家后她在市里买了房,将妈妈从哥哥那儿接了出来,精心照料，又在市里逐渐开起了两家店。

很多人都在背后议论她，说她被丈夫抛弃了，没有孩子，还要独自照料母亲。这些话她从不在意，在外人眼里她是不幸的，可她自己本身是快乐的。她有自己的事业，有维持一份富足生活的经济来源，没有丈夫，没有孩子，没有公婆，她就有了比别人更多的精力来孝敬妈妈。有人来做媒，也都被她拒之门外了。

在她看来，真正的幸福是，明白自己真正想要的是什么。

生命里最大的突破，就是你再不会为别人的看法而担忧。此后，自由地去做你认为对自己最好的事。

有人问她："你这辈子不成家，无儿无女，最后能得到什么？"

她说："我不提倡，但也不反对独身主义，因为所有的女人不能都像我这样，女人们要结婚，要生育下一代，这是女人天生的使命，无法回避。但女人一定要在孩子周岁之后开始工作，因为你一旦没有了工作和经济来源，就成了风雨中的小舟，一个浪头就能把你打得粉身碎骨。永远不要相信男人会养你一辈子。"

她没有因为别人的刻薄而自暴自弃，也没有因为别人的错误而惩罚自己。虽然命运交到她手中的是一副烂牌，可她并没有向命运妥协，没有颓废。她说："女人即使什么都没有，也一定得有尊严。"

女人的尊严未必是与男人有同等的社会地位，而是一份能够养得起自己的工作，不仅要物质上独立，还要精神独立。学会享受孤独和伤痛，尊严是重要的，所以时刻不要丢掉自己承受困难的能力和勇气。

珍惜，没有如果

有些故事来不及真正开始，就被写成了昨天；有些人还没有好好相爱，就成了过客。

——白落梅

我家街道对面有个小小制衣店，店主是一对小夫妻，他们的生活清贫而温馨，平淡而幸福。可就在前几天，那个年轻的小伙子被一辆大巴车撞飞在十字路口。

刚听到这个消息时，我震惊了，打算赶快腾出时间去医院看他。虽然与他们的交情并不深，但毕竟街坊一场，而且我平时有好多针线活经常去麻烦他们。

还没等到我去，就传来消息，小伙子因伤势过重已经不幸身亡了。

今天下午我竟然看见他们的店开门了，年轻的妻子正在收拾东西。她脸色苍白，眼下发青。我张了张嘴，安慰的话刚要说，又咽了回去，不知从何说起。

她抬起头看见了我，好像想起什么："上次你说有件旗袍略不合身，要我们抽空帮你改改。恐怕是不行了，他……他不在了，我没那份手艺，你……"

她说不下去了，瘫坐在椅子上。丈夫在世时，每天都坐在那低头干活，那个认真而娴熟的身影，如今再也见不到了。生命脆弱如同植物，更像是秋天的落叶，一阵风刮过便什么都没有了。

"没事的，"我急忙摇了摇手，"那件衣服改不改的其实问题并不大，我只是想着你们有空的时候……算了……你节哀，日子还得过下去。"

她点了点头，算是回应了我，然后低头从旁边的布料里抽出一条将完工的裙子，白色的纱纱，轻轻柔柔的。

"我们结婚时天太冷我没能穿婚纱，他怕我遗憾，非要给我做一条白色的裙子，可还没做完……"她似乎憋了很多话要倾诉，"前两天他想给我买个厚点的外套，我却因商场的衣服贵给拒绝了，想回来自己做。他还想回家看看老人和孩子，我为了省下路费，为了过年回家时能给他们多买点东西，就劝他再等等，早知这样我就……"

她没再往下说，只是坐着发呆，神情哀凄。想必在这之前她已经哭过无数次了，相比于痛哭流泪，这种无声的悲伤更让人难以承受，我逃也似的离开了小店。

她悲伤的神情，让我想起了另一个人，她是我同学，那个失去她的男人曾经痛彻骨髓地为她哀嚎过。

事情发生在三年前。她新婚不久便怀孕了，丈夫竟然在那个关键时期出轨了，她为了报复，就用了一种极其惨烈的方式结束了生命。因为深爱，所以不肯原谅，她宁愿带着腹中的孩子一起离开，也不愿面对感情破裂的悲剧。

去年清明，我去为她扫墓，在那里，我遇到了那个出轨的男人。

他喝了酒，坐在墓前低头饮泣，一直在说"对不起"。

我完全不想理他，放下手中的花就走了。其实我原本想单独和同学待一会儿，碍于这个男人，我又什么都不想说了。舍弃了如此美好的生命就为了一个不负责任的男人？我感到深深的惋惜。我更是懊恼，在她最绝望的时刻，我却不能陪她、开解她。如果当时有个贴心的人陪她，也许悲剧就不会发生了。

男人知道我是她同学，便开始不停地撕扯头发，混乱地道歉："我对不起阿玲，我知道她性子烈，可我没想到她居然连孩子都不顾。其实我是爱她的，只是因为太寂寞才一时糊涂犯了错。我想先瞒着她，等她生下孩子，就和外边的女人断了，等她生下孩子我一定会好好补偿她。可没想到事情会闹到这个地步。我真的没想到……我对不起阿玲，对不起我们的孩子……"

初春的风吹得人心里发凉，男人的哀嚎声在荒野里回荡，我不由地打了个寒颤："早知今日，何必当初……"

人生短短数十年，有多少事都败给了一个"等"字。"等"是借口，是生存的无奈。我们总是忽略已经拥有的，就像对待空气，我们几乎感觉不到它的存在，只有失去的时候，才会感到窒息。

生命是如此脆弱，灾难面前我们都微小如蝼蚁，永远不知道下一秒会发生什么。没人能确定生命会在哪一刻突然画上句号，车祸、疾病、山塌、地陷，突如其来的灾难使他们来不及给丈夫买一件外套，来不及给妻子最后一个吻，来不及抱孩子最后一次。

对于无法掌控的未来，世间根本没有来日方长。承诺要在有能力的时候就兑现，不想留下永久的遗憾就不要犯无法回头的错误。

死者已矣，活着的人却永生难安，如一枚看不见却永远无法去除的刺，深深地藏在心底，一动就痛。

能爱的时候，就不要等；能珍惜的时候，就不要浪费；看到美的东西，立刻拿回家与爱人共赏，因为谁也不能确定生离死别会在哪天降临在头上；该相守的时候，不要去背叛，因为不是所有道歉和补偿都来得及。

如果一切能够重来，我们一定会对一切遗憾加以弥补，如果一切能够重来，我们一定会好好珍惜生命。

可惜，人生路只能向前，不能折回。生活不是玩游戏，从来就没有再来一次的机会。我们应该做的，不仅是要从绝望中努力挤出一道希望的光，还要坦然接受现在的一切。任何悲伤，面对现实，都迟早要消解在生活里。

抓住活着的每一刻，好好享受生活，好好爱身边的人，因为一旦失去，就再也不会回来。

每个人都有一场爱恋，用心、用情、用力

寂寞的人总是会用心地记住他生命中出现过的每一个人，于是我总是意犹未尽地想起你，在每个星光陨落的晚上一遍一遍数我的寂寞。

——郭敬明

小夏已经很久不吸烟了，每次闻到女士香烟的味道时，她都会不期然地想起多年前的往事。那时她常吸一种叫 ESSE 的薄荷烟，她喜欢称它为爱昔。爱昔即爱惜，恋上爱昔的时候，她正深陷于一场刻骨铭心的爱情。

当年的她性格有点像男孩，喝酒、溜冰、通宵网游、爬树掏鸟，甚至上房揭瓦，简直无所不干。不过，那时的她并不吸烟。

小夏是个容貌姣好且活力四射的女孩儿，平时总会吸引到异性的目光，所以很快就恋爱了。男孩很高，帅得一塌糊涂，帅得天怒人怨。她特别喜欢他，那时的她实在是太年轻，那么不谙世事，那么纯粹无瑕。

男孩每天都会接她下班，夜幕降临时，他们会手挽手压马路，周末时会一起去酒吧喝酒、跳舞。

男孩的姐姐在美国发展得很好，不多久便要求他尽快到美国去。他舍不得小夏，提出要她一起去，但她不愿意。不仅是因为她不会说英语，还因为她眷恋这片生她养她的热土。

几番商量下，男孩为了给家里人一个交代，决定先去趟姐姐那儿，将来再回来，要小夏等着他。

小夏问："要多久？"

他说："三个月。"

"好，我等你。"

从他离开的那天起，她不再喝酒，不再去夜店。希望他回来时看到的是一个气色俱佳的她。

三个月，说长也长，说短也短。长得让人经不起那份思念的折磨，短得让人看着时光一天天从指间流逝却还不见他归来的身影。

他失约了，她一天都没多等，立刻收拾行李离开了。只是在离开的那天，她试着拨打了他的电话，没有人接。

到了另一个城市，她住在发小那儿，发小在自己上班的公司为她谋了一个职位，让她得以安顿下来。

后来的日子，她总是失眠，吃了很多安神药也不见好转。每次失眠，她都喜欢站在窗口看着外面的夜空发呆，思念让她难以安枕。

她思念他，想念的力量像无数只蚂蚁爬到她身上，是无法止住的钻心的痒。她明白自己一定无法在短时间里忘记那个他，但她依然不后悔离开，她无法忍受不守约的男人。她不是望夫石，不愿意无休止地等下去。

又是一个失眠的夜晚，她忍不住好奇，拿起了发小枕边的烟盒。烟盒窄而长，淡淡的绿色看起来很舒服，她打开烟盒取出一根，闻上去有一种清爽的薄荷味。

"抽着试试看？"发小醒了，倚在床头看着她，"有什么烦心事，随着烟呼出去就散了。"

她并不相信吸烟真的能散去忧烦，但她还是忍不住点燃了手里的那根。爱昔牌的烟纤细，像女人修长的手，不由得让人思及一些美好的东西。她试探地吸了一口，味道很淡，清清凉凉的，没有想象中那么呛人，让人有种神清气爽的感觉。

发小睡着后，小夏再次起身，站在窗前，此刻夜凉如水。她望着静穆的夜空，开始回想起往昔。回忆中满是思念之情。烟灰细细长长的，完完整整地呈出灰白色一条，让人舍不得将它弄碎。

周末，她喜欢和发小一起去夜店玩，那里有一种喧嚣的宁静。

发小走到哪儿总爱带一包爱昔，她是位性感而魅惑的女人，吸烟的样子也很好看，长长的睫毛卷翘着，目光闲散而慵懒。同为女子，小夏很羡慕发小。

邻桌有个无聊的男人打量她们很久了，先是让人给她们端小吃，随后自己走过来，从兜里拿出一包中华，抽出两根递过来。

小夏瞥了他一眼，转过头没理会。发小漫不经心地说了句："我们不抽别人的烟。"

男人碰了钉子，只好无趣地走开。昏暗迷离的灯光下有个男人正在寻找着什么。他身着白衣，背影很像小夏的前男友，小夏看到后简直快要窒息，扔下手里的烟就冲了过去，一把扯住男人的衣袖。男人回过头，小夏才知道他根本不是她思念良久的人，只是身形与他颇有几分相似。

"对不起，认错人了。"她道歉，有些失落地回到座位上重新点上一支爱昔，丝丝凉意，瞬间将整颗心塞得满满的。

男人几乎音讯全无，她再也没有见过他。随着岁月的消磨，她心中的身影也渐渐淡去。只剩下清凉的爱昔萦绕于唇指间。

后来，她生了一场大病，原本孱弱的身体就更显娇弱了。终日药汤不离口，也就不再喝酒，不再去夜店玩了，连爱昔也淡出了生活，作息慢慢地规律起来。

只是那一抹清凉和寂寥的味道，始终存在丁她脑海中，无法抹去。

一生中错过多少次，就像昨夜下了一场雨，而你还在睡梦中。你还没来得及跟他讲自己最爱看的书，还没与他分享自己最爱的音乐，他就消失在人山人海了。一生中总有些说不出的秘密、挽不回的遗憾、触不到的梦想和忘不了的爱。

一个人的幸福从他学会与过去挥手告别时开始，忘记过去，享受现在，相信未来。从此就算岁月再漫长，寂寞再无边，都不妨碍我们美好地活下去。

没有软弱过的人，不足以谈坚强

没有在深夜痛哭过的人，不足以谈人生。

——托马斯·卡莱尔

我昨天又失眠了，凌晨四点多才入睡，今早六点又被一个电话吵醒。我像一堆融化得粘在床上的牛皮糖，连吃奶的力气都用上了，才从床上艰难地爬了起来。我接起电话，那头传来一个女人的声音，里面夹杂着婴儿的哭声。

她叫龙虾，一个将近一年都没见面的姐们儿。其实她本名叫石霞，只是入学那年"二货"班长填班级花名册时把那个"石"字写成了"龙"字，后来我们开始叫她龙霞。龙霞龙霞，最终就被叫成了龙虾。

龙虾在电话里说："现在，立刻，马上，到我家来帮我照看孩子。"

我满脑子疑惑，这丫头从哪儿弄出来一孩子来的？

我手忙脚乱地套上衣服，脸都没来得及洗就冲了出去。

七个月前，龙虾离婚了，原因是她不孕，结婚三年都没有孩子，被婆家扫地出门。

她和老公是异地恋，两家天各一方，结婚前她一点儿都不了解婆家那边的风俗。

我记得她刚结婚那会儿就跟我抱怨过婆家的人。新婚之夜，她满心欢喜地憧憬着浪漫的情景，可丈夫却被公婆叫走了。祖孙三代一大家子人围坐在一起，弄得跟开国际会议般隆重。

她有些摸不着头脑，公公向来严肃，抽着烟拧着眉："原本是打算，等有了孩子再让你们结婚的，既然已经结了，我们也没什么好说的。不过有件要紧事得先说好，结婚以后得赶紧给咱家生个儿子，好承继香火。"

她对老人家迫切想要抱孙子的愿望是理解的，但在这种气氛下说出来，总显得冷冰冰的，她心里觉得很委屈。毕竟是新婚之夜，总不能和公婆拌嘴，所以也就没说什么，只是点了点头，盼着他们的训话快点结束。

婆婆接过话说："到这会儿我心里都不踏实，我本来不同意你们太早结婚，不是我看不上你这个媳妇儿，而是这年头不孕的女人那么多，万一被我家摊上可怎么得了？你问问你姐姐，我们家对你可算是优待到家了，你心里得有个数，知道不？"

龙虾被震住了，抬头看着丈夫的姐姐。姐姐看了看龙虾，低着头一言不发。

听到这些，我也非常震惊，传宗接代的思想在中国的确是根深蒂固，老人急着想抱孙子跟重男轻女的思想也能勉强接受，可这种做法不免有些过分，而且实在少见。

没想到婆婆的担忧竟然变成了现实，龙虾结婚大半年也没有怀孕。丈夫一家人都很着急，拉她去医院做了检查：不孕症。

在医院人来人往的大厅里，婆婆坐在地上哭天抢地，嘴里不停地埋怨儿子："当初让你先生孩子再结婚你就是不听，你看看现在，娶个不能生蛋的母鸡回来可怎么办哟，生不出儿子你的名字连族谱都不能上……"

围观的人越来越多，龙虾难以忍受婆婆那种粗鄙俚俗的哭骂，转身就离开了，没有人懂得此刻的她有多难过。

后来丈夫开始催她去医院做治疗，她也积极地跑医院。那时候我工作的地方恰巧离她要去的医院很近，经常由我陪着她去，每次做完治疗她的脸色都惨白如纸，浑身冒汗，就像刚从水桶里捞出来一样。她说治疗时很痛，痛得她几乎要死掉。

丈夫从来不陪她去医院，我唯一见着他的那次，是因为龙虾带的治疗费不够了。他过来送钱，皱着眉头埋怨着："你的工资不够做治疗吗？怎么还问我要？"

然后我骂龙虾："你瞎眼了，怎么看上这么一个渣男！"

我被她一把掐在腰上："不许这么说我老公，他的薪水要存起来买房呢，好辛苦的。"

她跑过几十家医院，积极治疗，甚至已经把药当饭吃，最终还是没能把病治好。婆家实在容不下她，坚持要她滚。

要她滚？听起来好像当初是她攀了高枝一样，其实龙虾娘家的家境比男方家里富裕得多。只是她坚持远嫁，才闹得和家里断绝了关系，如今落得孤家寡人，如水上浮萍。

公婆恶语相向，丈夫却一直沉默。龙虾以为，他是因为孝顺才不能在父母面前维护她的。

很多事，不到最后，谁都想象不到

有一天，我陪她去医院检查时发现：她怀孕了，近两个月了。我们先是一愣，然后高兴得抱在一起又哭又笑。她在极度兴奋中打电话给丈夫，让他来接我们。

她太想给丈夫一个惊喜了，所以在电话里，没有告诉他自己怀上了。

等了一个小时，龙虾的丈夫才到医院门口，打电话要我们上车。她兴奋地抱着丈夫，在他脖子上亲了一口，还没来得及说话，就听见丈夫冷冰冰地说："离婚吧。"

我几近僵直地坐在后座上，看着龙虾。一切突然静了下来，甚至连车外熙攘的街道都变得毫无声息。

龙虾先是怔了一下，放开了抱住他的手，慢慢地坐了回去。我在心里发疯似的喊着：你快给他看检查单啊，你快给他看检查单啊……

这个时候，我几乎没有机会说话。此刻龙虾的心，一定比做治疗还要疼上千百倍。

"你确定？"龙虾的声音微微颤抖。

"我确定，这是我考虑很长时间才做的决定。我得先是父母的儿子，然后才是你丈夫。我很确定，离婚吧。"他说得决绝干脆。

龙虾突然开始冷笑："你说得对极了，我还真没话能反驳你。父母是这世上无论如何都不可能改变或被替代的人，至于妻子……这天下随便哪个女人都可以是。"

我的一颗心沉了下去，曾经人人称羡的一对就这样完了吗？可是……我心里又一次开始嘶吼：可是那孩子怎么办？

"对了，我给你看样东西。"她从包里取出一张纸，我知道那是刚刚拿到的检查单。

"你有了？"丈夫突然笑开了花，转身激动地抱住龙虾："太好了，太好了，我终于要做爸爸了。太好了，我们现在就回家告诉爸妈。"

"不必了，"她冷冰冰地说，手里拿着检查单，拿起车上的打火机顺手就点着了，扔出窗外，"你已经不配做我孩子的父亲了。这世上女人何其多，你另找个给你生孩子吧。"

她下了车，我急忙拉住她："你这是做什么呀？"

"你觉得我们的后半生还能在一起过下去吗？"龙虾看着我，之前因得知怀孕而激动落泪的她，此时却一滴眼泪都没有。

龙虾甩开我的手进了医院，丈夫从车里下来追了过去，走到妇科诊室"男士止步"的牌子前被护士拦了出来。

再然后他开始在诊室外面大声叫喊，他向龙虾认错，央求她不要做傻事，他想要这个孩子……最后他被保安弄了出去。

那是个黑暗的日子，我不知道究竟在外面等了多久。她从诊室出来后径直进了电梯，到一楼大厅，面无表情地看着丈夫说："我们去办手续吧。"

龙虾离婚后我们一起回到家乡，她没有回家，独自在外面租了房子。我怕她孤单，怕她难过，想多陪陪她，但她不肯再见我。就这样，整整七个多月我都没联系到她。

直到今天，她要我去看她的孩子……

她租住的房子并不大，一进门就闻到了一股鸡汤味儿，来开门的龙虾穿着厚厚的棉质睡衣，头上戴着厚厚的帽子。

"屋子里这么热你还戴帽子，头上养蛆啊？"我扔下这么一句，然后迫不及待地跑到床边去看孩子——这个莫名其妙冒出来的孩子。

"这孩子哪来的？"听见她关上门进来，我头也不回地问，然后搓着手，想抱抱那个嫩嫩的小生命，却又不敢。

"废话，我生的啊，要不哪来的？"她摘下帽子扔在一边，"我坐月子呢，开门时怕见风，所以要戴帽子。"

我突然明白过来，七个月不见我，原来她是一个人躲起来偷偷养胎了。可是，她怎么可以这样傻，怎么可以让自己这样辛苦？我的喉咙突然有些哽咽。

"我只是说他没资格做我孩子的父亲了，但这是我自己的孩子，我哪忍心不要他呢？"龙虾坐到床上，给孩子换纸尿裤——是个健康可爱的男孩儿。

"那你一个人怎么坐月子啊？谁照顾你？"

"你不知道这年头什么都可以网购，然后送货上门啊？我又用不着出门，再说这不有你吗？"

"可是……"我伸着脖子咽了一下唾沫，"可是我也没生过小孩子我哪懂那些啊？"

"你不会打电话问你妈啊？"

我想说我恨你，你怎么能这样为难完你自己再接着来为难我呢？

她真是个让人刮目相看的女人，只是做她这种女人的朋友可真不是件容易的事儿，至少得有一颗强大的心。

"你真的不打算让他知道这个孩子的存在？毕竟他是孩子的爸爸，也有抚养孩子的义务，你一个人扛着将来会有很多意想不到的麻烦。"

她眼神坚定地看着我说："他已经没有资格了。"

伤痛使你更坚强，眼泪使你更勇敢，心碎使你更明智。所以，感谢过去吧，它会带给我们一个更好的未来。

人生，总会有许多无奈，苦过了，才知甜蜜；痛过了，才懂坚强；傻过了，才会成长。生命中，总有一些令人唏嘘的空白，有些人，让你牵挂，却不能相守；有些错过，让你留恋，却终生遗憾。

一念放下，万般自在

一个人自以为刻骨铭心的回忆。别人也许早已经忘记了。

——张小娴

又一个难以入眠的夜，子夜拿起床头的药瓶，抖了抖，里面是空的，药已经吃完，白天又忘了买。附近有家药店二十四小时营业，她换上衣服就出去了。

已经入冬了，刺骨寒风阵阵而来，脖子瞬间有一种被刀削过的感觉，她紧了紧衣领，手也被冻得很僵硬。子夜忽然想起一年前，也在这条街上，也是这个时节，他解下围巾给她戴上，又把她的手握进他的掌心，然后对她说，他会用一生来呵护她，永远把她握在手里。

她突然开始冷笑，这世上最不能当真的，果然是誓言。

报药名的时候，老板惊愕地看了她一眼："这是要处方的，而且这种药不能经常服用，我给其他安神的药可以吗？"

"不用了，"她拿出处方，"我这毛病很久了，吃其他药没有效果。"

从一年前开始，她就患上了严重的脑神经衰弱，每天失眠已成为常态。

她是子夜时分出生，名字由此而来，二十八岁之前的她，生活是晴朗明净的，有疼爱自己的父母，有感情深厚的弟弟妹妹。四年前，她还邂逅了自认为会永远爱她的男人。

两个人初次见面，是在两家公司的联谊会上，那时的她刚刚升任主管，材料供应商们自然要忙不颠地赶来巴结。那天，他穿着纯白色的衬衫，戴着眼镜，素净清爽，文雅大方，不像其他业务员那样的谄媚。

那天晚上，在KTV里，同事们灌了他不少酒，酒量不好的他很快就撑不住了。子夜伸手替他挡了不少酒，为此他一直很感激。子夜的酒量一直很好，所以觉得没什么，她以前上学时常拿啤酒当水喝，红酒也能喝一些，所以那几瓶啤酒对她来说根本算不上什么。

供应商尽是察言观色的主儿，没过几天，就安排他接手了子夜公司的业务。子夜也愿意跟他打交道，因为在她眼里，他比以往的业务员们都实诚，人又厚道，不管什么事都能随叫随到，再怎么折腾也不会有半点脾气。

那时候，子夜经常加班到深夜，脑力劳动也很辛苦，晚上十一点左右就饿得不行了。只要一个电话，他就能带着美味佳肴出现在她眼前，简直就是她的专职外卖。除此之外，他每天早上都跑到她公司送早餐，偶尔还会给她同事带上一份，因此办公室里的人也都被他"征服"了，撺掇着子夜将他"收"了。子夜虽然从来不搭腔，但也经常找借口叫他来公司，或者偶尔心血来潮，跑到他们公司去视察催单。

周围的人全都是人精，自然明白他们的关系不一般。供应商更是乐见其成，每次子夜去他们公司，一定会派他全程接待。

有一天，两家的同事坐在一起吃饭，大家发现她和他竟然佩戴着情侣项链，两个人的事终于昭告天下了。

那年的五一，两人将日常用品搬到了一起，从此一起吃饭，一起上下班。每天早晨都是同时出门，直到岔路口才分开。两个人紧紧地牵着手，走在路上总是有人投来羡慕的眼光。

某年春节，子夜随他去了老家，湖北的一个小城。他父母对

145

子夜并不是十分满意，他们希望儿子找个家世好的另一半，将来好帮衬他。但他们看着两人感情这么好，也就没再反对。

她所在的公司主营对美国的出口业务，金融风暴那一年，美国是首要受到影响的国家，订单锐减，最大的客户也宣布破产，公司自然就撑不下去了。老板是台湾人，突然失去了踪影，公司无奈之下只好解体，几千名员工，一夜之间成了无业游民，手里仅有刚刚发放的工资。

子夜就这样突然失业了，那时已临近寒冬，他说没关系，就算子夜不上班，他也养得起，还信誓旦旦地说就算全天下人抛弃子夜，他也不会离开她。

春节临近，两人商量着，等过完了春节就结婚。子夜是北方人，他是南方人，相隔那么远，婚后再想回家见父母就很困难了。所以，这个春节她想早点回家陪父母，他说正好让她借这个机会在家里多待些时间。他亲自替她收拾好了行李。

"已经好几年没回过家了，父母一定很挂念。你先回去，等公司放了假，我会亲自到你家提亲。"

子夜很高兴，虽然是寒冬，虽然成了无业游民，可心里是满满的幸福。那天他送她到机场，临别时，两人紧紧相拥，难舍难分。子夜含泪说了再见，他也是一步三回头，依依不舍。

那个冬天，是她记忆中最幸福的时光，家里有父母的宠爱，弟弟妹妹的相伴，还有久违了的家乡美味，在憧憬中等候他的到来。

春节到了，他却始终不见踪影，电话也打不通，她有些慌了，担心他是不是出了什么意外。终于等到节后，她迫不及待地赶了回去。

房子被他退租了，房东也不知道他的去向，赶往公司才知道他已经辞职了。

她简直难以相信，那个呵护她四年的人，曾经对她承诺不离不弃的人，竟然就这样消失了。这么大的城市，她根本不知道该到哪儿去找，真希望这是一场噩梦，一觉醒来，就能看到他，看到他那熟悉又温暖的笑容，以后还能挽着他的手臂一起去上班。可这一切仅停留在想象中。

后来她好不容易在另一个朋友的口中打听到他的下落：就在她刚离开不久，他就辞职，回了老家。

她不明白，为什么他要骗她，明明说好，春节会亲自去她家提亲，怎么会提前辞职回了老家呢？她是个倔强的女人，一定要弄个明白。

到了他家，出来开门的是他年逾五十的母亲，用嫌恶的眼光打量着子夜，冷冷地说："以后别再来了，我儿子马上就结婚了。"
然后"砰"的一声关上了门。

她不知道该如何反应，大脑一片空白。那种感觉就像三九天
被当头浇了一桶水，她当时脚下一软，直接从门前的台阶上摔了
下去。

她不甘心就这样糊里糊涂地被打发了，爬起来拼命地敲门，
执着地喊着他的名字。无论有什么理由，无论发生了什么事，子
夜希望他能亲口告诉她。

再次出来的是个年轻女人，衣着华贵，化着精致的淡妆。她
轻蔑地看着子夜，满脸不屑："真没想到你居然会找到家里来，还
真是不要脸。告诉你吧，我们过完正月就结婚。我家出钱替他办
印刷厂，你家能吗？你能替他办得到吗？他以前和你在一起，也
不过是因为你是客户，可以在事业上帮到他。可现在你什么都不
是。记住了，对男人而言最重要的是事业，是事业，懂吗？没本
事帮他就趁早滚蛋。"

子夜漫无目的地走着，正好经过一条河，哀伤至极的她在那
一刻突然产生了轻生的念头，想都没想就从桥上跳了下去。有个
人把她救了上来，她疯子似的挣扎着：想死都这么难，连死都会
有人跟她过不去。

正在这时候，一个人站在她面前说："世上没有过不去的坎，死都不怕，还怕活着？"

子夜抬头，看见一位头发斑白、面容慈祥的长者。救她的人，正是他的司机。

他到车上取了一件外套给子夜披上，然后带她去了医院。

温暖的车里，她看到一张名片，是那个男人的，一张新印的名片：某印刷厂总经理。长者笑着说："是个年轻的后生，厂还没办起来，就先印好了名片，来争取我们公司的业务。我和他岳父还算有点交情，不得不给些面子，反正到谁家进货都得付钱不是？"

那一刻，她忽然冒出一个恶毒的念头。

虽然向长者说了自己悲惨的遭遇，可她并没有透露，这个印刷厂的总经理就是抛弃她的前男友。她请求到长者的公司打工。有着这样丰富经验的业务员，他自然是欣然同意了。

他的厂刚建起来，没有太多业务，长者的公司是他最大的客户，几乎完全靠长者的订单维持生存。

他每次到公司谈业务，子夜都会避开，让其他同事去接待他。然后躲在他看不到的地方观察着他的一切。她看着他的生意风生水起，看着他越来越意气风发，心里默默地冷笑着。此时的他还不知道，一场蓄谋已久的报复正在等着他。

子夜有能力，有经验，更因有心为之，她与长者的关系日渐亲密。

她把他的报价单透露给其他供应商，别的供应商自然对她感恩戴德。她说："只要你们能挤垮那个工厂，就是对我最大的回报。"

这种恨，若罂粟一般，疯狂地滋生蔓延……

他的订单开始逐渐变少，一天少过一天，失去了这个最大的客户，厂里开始出现停产的状况。由于生意不景气，他们的婚礼也未能按时举行。

看着他一天天地垮下去，她尝到了报复的快感，他越惨，她就越高兴。她的失眠越来越严重，整夜睡不着，即使睡着了，也总是噩梦连连，头发大把大把地掉。

一天夜里，她读到了一首诗："宿昔不梳头，发丝披两肩，腕伸郎膝上，何处不可怜……"她先是笑，笑到最后又开始流泪。无论最初多么缱绻，多么恩爱缠绵，最后都逃不脱一个凄绝断肠的结果。

有一天，她送几家供应商的报价单去老板那里签字，故意"遗落"了他的。长者翻看完，看了她一眼，轻叹了一声，然后择出一家签了字。她收好文件正要出去，却被长者叫住了："他已经撑不下去了，再失去这个季度的订单，他的厂子就得关门了，你得偿所愿了吗？"

她愣住了，没想到自己的一举一动全然瞒不过长者的眼睛。在生意场上纵横一辈子，就她这点小伎俩，哪里能瞒得过他？

"不够，我想他死。"这话像是从牙缝里挤出来的，比三九寒天还要冷。

"唉，你知道唐代的霍小玉吗？——过来坐下说。"

子夜咬了咬唇，坐到沙发上，看着长者说："霍小玉临终以毒言诅咒李益，'我死之后，必为厉鬼，使汝妻妾，永不得安'。"

霍小玉的诅咒一直深埋在她心里，"只可惜，我变不成厉鬼。"

"你这孩子……"长者皱了皱眉，"当时救你，是不想你这么年轻就寻短见。让你来公司上班，是看你有这方面的工作经验，我们需要这样的人才。没想到你的怨恨会这么深。佛说人有三毒，你若执迷不悟，恐怕早晚得如霍小玉一般，死于自己的心毒。你已经整得他很惨了，这是最后一次，我以后不会再放任你了。人不能一直活在怨恨中，一直这样下去，你不仅毁了他，也毁了自己，明白吗？"

子夜低着头，声音很轻："反正您以后也不会由着我折腾了，我一个外地人无依无靠的，哪还能有别的办法再对付他呢？不过，还是要感激您这一年来对我的关照。"

她已经无法在公司待下去了，做完了工作交接，就将辞呈递到长者的办公室，头也不回地离开了。

天色已经很晚了，她漫无目的地游荡在霓虹闪烁的街上，不经意就走到了他家附近。有个女人搀扶着一个男人从路的那头走过，她冷冷地看着，没想到生意不景气，他竟失魂落魄到这种地步。

这一年来她费尽心思，弄到现在两败俱伤，突然感到疲惫了，即使仍不解恨，可那又怎样呢？她忽然想到长者的话，人不能一直活在怨恨之中，这样活着也太累了。

走进一家咖啡厅，她坐下来，看人拉着小提琴，轻柔舒缓。她突然想到自己来这一年多了，换了手机之后就没再跟家里联系过，一年来所有的心思都放在报复上，忽略了家里的亲人，忘了他们在为她焦急担忧。

虽然从来没联系过，但作为客户，她还是知道他电话的，而且他大概也知道她在这儿。只是，他从来没找过她，不乞求原谅，也不乞求高抬贵手。

她给他发了一条信息：这一年你付出的代价，是你欠我的，这一季的订单也签给了别人，今后你是死是活也与我无关了。后会无期。

爱之深恨之切，女人本是最柔弱的，可一旦被逼急了，就会不惜一切代价进行反击。报复的最初目的是一个人的利益会因另一个人的行为产生损失，但报复最终的结果往往是两败俱伤。放不下恨，便是放不下心里那个人，毁掉那个人，最心痛的是报复者自己，心毒伤得最深的还是自己。

有些事，你把它藏在心里也许更好，等时间长了，回过头去看它，也就变成了故事。一念放下，万般自在。执迷不悟的最终受害者永远是自己。你背着另一个世界去过生活，生活就变了味。你以为都是为了自己，却依然是在浪费生命。放下，既放过了别人也放过了自己。

在错的时间,遇到对的人

如果真的有一天,某个回不来的人消失了,某个离不开的人离开了,也没关系,时间会把正确的人带到你的身边。

——余秋雨

说起"终身误"这个词,最早知道它,是源于金庸先生的"一见杨过误终身"。陆无双、程英,还有那个灵谷仙子公孙绿萼,前两者寂寂终老,后者在最美的年华如流星般划过爱人的生命,然后归于尘土。

如果一开始没遇见那个人,她们会有另一种人生。如果给她们重来的机会,她们依旧愿意遇上那个人,让心底开出一朵最美的花。即使抱着残香孤老,也无怨无悔。

枫语今年三十二岁了，女人的青春最易凋零，她却始终守着一份执念，孤身漂泊。

我和枫语是发小，从上小学一年级起就一直是同桌，她聪慧机敏、灵气隽秀，是很多男孩子心中的女神，她的校花地位从未动摇过。

那时候的枫语就是我父母口中"别人家的孩子"，各科学习成绩都好，参加各种竞赛从来都没有空手回来过，尤其是她的作文，向来都是同学们拿来学习的范本。更兼唐诗宋词，她样样通晓，一手漂亮的毛笔行书，更是让人惊艳。在众人眼中，她几乎是完美的。

曾有个朋友开玩笑似的说过："如此有才的女孩儿，将来一定让N个男人死得很惨，但也最终会栽在一个男人手里，死得更惨。"

一语成谶。

从父母口中得知，在我离家求学的那年，枫语和她父亲闹得很僵，最终离家出走，不知所踪。

两年后，我收到了枫语的信。她说她在北京，当初是因为高考志愿的事和父亲吵得很厉害。枫语最爱文学，最擅长写作，但在长辈的眼里，习文之人终究不过是个落魄秀才，倒不如学医，将来的社会地位和收入都比较高。

　　枫语倔强，硬是违背了父母的意愿，也如愿以偿地考入一所知名大学的文学系。父亲愤怒至极，不肯给她交学费，要求她复读重考。

　　几番争执不下，她选择了最决绝的办法——离家出走。

　　离家后身无分文的她孤身飘零，但无论如何艰难，她都没跟家里联系过。

　　再见枫语，是在四年前的冬天，她从北京回来，而我也刚从广东归来。一别经年，自然要聚一聚。

　　我在一家不错的茶楼订了二楼临窗的位子，沏上大红袍等她。因为听她说起过，她的最爱是大红袍。

　　大雪纷飞的街上依旧车水马龙，但她一出现，就被我认了出来。她还是记忆中的样子，无论在哪儿都能让人眼前一亮。

　　之前听枫语的妈妈说过，追她的男人数不胜数，但她对哪个都没感觉。"真不知道这丫头心里都在想什么，也不知世上有哪个男人能入得了她的眼。"

　　茶楼里的暖气很热，枫语脱掉了外面的大衣，里面穿着一件白色绣牡丹的无袖羊绒旗袍。

　　"好香啊……"她闭着眼睛深吸了一口气，然后拢了拢柔滑的青丝。

"我之前去看过叔叔阿姨，他们很为你忧心呢！"老朋友了，再见面依旧如故，不必客套，不必嘘寒问暖。

"我知道啊，"她将青瓷茶盅放在鼻下轻轻嗅着，"不就是急着想要我快点嫁出去嘛——给你看样东西。"

她从手机里翻出一张照片，献宝似的递给我看。照片中，一个男人正低头看着手里的文件，指间的香烟飘起缕缕青烟。傍晚的阳光，透过窗户照进来，他的侧脸泛起淡淡光晕。

这男人对一般的女人有着致命的吸引力。也只有这样的男人，才能征服她。

"看起来不错，男朋友？"我把手机扔回她手里。

"哪儿啊……"她盯着手机看了许久，才闷闷地说，"他是一名很优秀的建筑设计师，才华横溢啊……"

"你一学文学的，怎么会跟一建筑师搭上边儿的？"我很诧异。

"是在他们公司年会上认识的。"枫语苦笑，"你知道的，我爸那时候坚持不肯帮我付学费，我只能利用假期打工赚钱养活自己。我会唱歌会跳舞，偶尔就和几个家庭困难的姐妹接一些庆典活动的活儿，比较轻松，报酬也高。"

"他是公司最杰出的设计师，那次聚会至少上千人参加，可我一眼就在人群中认出了他。那天我有一段单独表演，我绕厅而舞，舞至他身边时，他递给我一杯红酒，说红酒最配美人儿……"

提到那个人，她的眸子亮得像天上的星星，说到一半忽然又黯淡下来："可是在他面前，我总是不由得要低下头，于我而言，他就像云端里的神，遥远得我怎么也够不着。于是，我放弃了最爱的文学，转而去攻读建筑设计，期望有朝一日可以与他并肩。"

我不禁愕然，能让我眼前这位高傲的公主放弃最爱的文学，那得是怎样一个男人呢？我在心里不由地将他归于妖孽一类，摄人魂魄的妖孽。

那次相聚后不久，我们又各奔东西，我去了陕北，她依旧回了北京。一起长大的情分，使我们不需要用经常问候来刻意维系。

她是个让人嫉妒的天才，短短几年间，她便在北京开起了自己的设计公司。这对于一个从农村走出去的女孩儿来说，并不是件容易的事。

去年我听到消息，枫语病了，而且很严重，高强度的工作终于压垮了她的身体，我急忙赶往北京。

在她的住处，我见到了那个只在照片上看见过的男子。他是个中年男人，身上有淡淡的烟草味，连落在额边的发丝，都仿佛藏着一段故事。这不难理解，以枫语的眼光，能让她看中的，自然是成熟而且有阅历的男人。一般天真青涩的毛头小子，哪可能被她看上？

看见我在，男人很客气地问好，连握手都是那种很有距离感的清淡疏远的方式。

依照枫语的指示，我为他沏了大红袍，原来，大红袍是这个男人最爱的茶。她是因为爱上他，才随之爱上这种茶。

我识趣地退出卧室，打算去看正在煎着的汤药。出门时不由地回头看了一眼，男人坐在床边轻声说着话，轻抚着她的发丝，眼里一片温柔。

如父如兄般的温柔。

我做了一桌好菜，但男人并没有留下来陪枫语吃饭，早早就离开了。我很好奇为什么枫语在转学建筑之后，没有去他的公司应聘，她是那样渴望能和他在一起。提到这里，她很沉默，良久才说，他早就有了家室。妻子虽然常年卧病，但他始终不离不弃，精心照顾，简直令世人艳羡。

我并不感到意外，一个如此优秀的男人，不可能至今单身。

"他是我最仰慕的人，我不会去破坏他的家庭。再说，他不是薄幸的人，做不出抛弃病妻这种事来。"她笑着说出这句，眼角却流着泪。

这样一个男人，从她第一次看到他，目光就再也无法转开。

世间男子，就再也无人能入得了她的眼。她白白地误了青春。

世间最悲哀的事，莫过于此，连争取的机会都没有，就已经败下阵来。或许她根本就不想去争夺，善良如她，宁愿维持现在这样辛苦的生活，也不希望自己心爱之人背负抛妻的骂名，更不希望他生病的妻子伤心难过。

正是这份心结，让她没法去他的公司，只好选择独立创业。

她不想让他看轻，至少在爱人面前，她始终努力维护着一份尊严。

世间最大的冒险，就是死心塌地爱上一个人。因为你永远不知道，自己全身心的投入，最终会换回来什么结果。爱情就像一场赌局，明知自己会输得很惨，也义无反顾地投身其中。

今天看日历，枫语的生日快到了。我打电话过去，她很忙，说了几句就匆匆挂了。随手翻看她空间里这些年来的照片，忽然想起"终身误"这三个字。我们很多人都不懂她，以她今日的资本、今日的智慧，怎会允许自己这样耽误下去，而且还是为了一个无法跟她白头到老的人。这个人就是她的刀山火海，是她逃不开的命运。也许就像唐伯虎的那句话"别人笑我太疯癫，我笑他人看不穿"。她的境界是我们这些人无法理解的。

如若时光倒转，执拗如她，大约依旧会选择他，然后误了终身，不悔不怨。

张小娴说：最难过的，莫过于当你遇上一个特别的人，却明白永远不可能在一起，或迟或早，你不得不放弃。如果真是遇到了这种事，也没有别的路可走，以你最喜欢的方式过一生。这是你不可多得的权利。

感同身受这件事

在这人世间，有些路是非要单独一个人去面对，单独一个人
去跋涉的，路再长再远，夜再黑再暗，也得独自默默地走下去。

——席慕蓉

近年来身体一直不好，前天刚去医院做了治疗，治疗的过程
很痛苦，现在想起来都觉得难受。太痛苦了，疼得让人几乎失去
活下去的勇气。

我在剧烈的疼痛里挣扎，真的以为自己会死在手术台上，再也
见不着我最爱的亲人了，看不见蹲在门口等我回家的猫儿果果了。

当然，我没死，我还活着。那天从治疗室里出来，我走在来
来往往的人群中，突然倒在了医院的大门前，手里提着的药洒了

一地……

清醒后，我看到周围行人纷乱的脚步，耳朵里充斥着嘈杂的声音，然后感到撕心裂肺的疼，疼得没有站起来的力气。我开始想哭，又忽然想到医生所说的话："姑娘，你忍着点，没人能替你疼……这只能你自己去承受，没人能代替得了你。"

在那之前，我已经足足二十四小时没有进食了，因为剧痛引起的呕吐令我胃里空空如也，到后来我呕吐出来的也只有胃酸了。

医生给我注射了麻药，似乎没有起到任何作用，疼痛感一波一波地向我袭来，我疼得丧失了行动力。

我常想，如果爸妈看到我这般狼狈，一定会非常心疼的。我也明白，如果可以，爸爸妈妈一定争着代我去受那份儿罪，他们一定想替我去疼。

可惜，那只能是"恨不得"，即使他们再爱我，也不能替我疼。自己的痛，只能自己忍着，谁也代替不了。

从医院回来后，我休息了两天。今天弟弟过来，他担忧地问我气色怎么还没好起来，我只是笑笑，然后告诉他："你姐我在减肥，没吃饱饭饿得呗。"

以前看过这样一个故事。一个小孩走在路上摔倒了，他若无其事地爬起来拍拍尘土继续走，旁边有人问他："为什么不哭？"

小孩子说："妈妈又没在这儿，我哭给谁看？"

以前只是觉着这小孩真是又聪明又可爱，可现在想想，妈妈在与不在又如何？摔倒的伤痛依旧不减分毫，而妈妈再心疼也不能代替孩子去承受疼痛。

不过，大约每个人都差不多吧，小的时候受点伤总是会立刻跑回家向妈妈倾诉，让妈妈好好心疼一番，然后让妈妈抱一抱哄一哄。即使身上的疼痛不减，心里也能舒服很多。

后来我们慢慢长大了，开始学会隐藏伤痛，开始学会在阳光下晒牙齿，然后晚上一个人躲起来舔伤口。

这世上没几个人愿意倾听另一个人无休止的倾诉。即使是最亲爱的人，也只能不离不弃地陪在身边，眼睁睁地看着，无能为力地听着你的悲诉，陪着你一起哭泣，但那又如何？这世间根本就没有感同身受这回事。感同身受只不过是相对来说，就像男人永远不可能体会女人分娩的疼痛，女人也永远不能感受男人被踢爆下身时的剧痛。所以，永远不要指望别人的同情与怜悯，别人最多也只能以一种旁观者的口吻说一句："好可怜噢……"

然后人家一转身就去吃喝玩乐了，你的痛苦不会有人放在心上。

当然这世上终究还是有人真正心疼我们，譬如父母，譬如兄弟姐妹，譬如爱人。可我们怎么忍心让他们一起痛苦？这不啻是让疼痛再多出一倍。

悲了，伤了，疼了，痛了，找个地方自己疗伤，不要到处去喊，自己多痛苦，多不幸。任何人都有忧愁和伤痛，如果面对困难就只会一筹莫展，那生活就真没法继续了，世界该是多么悲催啊！

当然，心里积压太久太多的负面情绪，总得找个宣泄的出口，找人诉苦是不可取的，那怎么办呢？

找个无人的地方痛痛快快地大喊几声，把压在胸中的烦恼喊出来，这会好受些。再或者上网匿名发帖吐一吐苦水也好，但不要干扰到别人。如果我们的不幸和痛苦被人当成减压的笑话，也算是功德一件。

人生路上总是要面临选择，总会遇到各种岔路。虽然周围人的眼光对你会有影响，可最终决定权还是在你手里，选择怎样的人生，找一个怎样的人，都取决于你。在不伤害到他人的前提下，坚持走一条属于自己的路。为别人的看法和议论感到痛苦时，不妨想一想，如果真过上一种大众认可，自己却感到痛苦的生活，最终是没有人能代替你承受的。

任何人都不要轻易地去替别人做决定，即使是最亲的人也不可以，因为你永远不能替别人去生活，永远不能替别人去疼。

同理，任何人都不能代替你去决定，代替你去做选择，你要为自己负责，更要为自己承担。再艰难都要坚持初心，在每一次艰难中学会成长。

总是觉得，自己还没有准备好就已经长大了。慢慢就会明白，有些事，只能自己扛；有些苦，只能自己尝。世上的路，只能一个人走；身体的伤，只能自我疗愈。

那天那位医生跟我说：忍一忍，没人能替你疼。

我很感谢她这句话，它让我明白，人生所有的伤痛都只能自己来抵挡。

第四章

你的选择决定你的人生

　　不是世界选择了你，是你选择了这个世界。

　　　　　　　　　　　　　　　　——丰子恺

不被打败的爱才是真爱

如果有好感，那就是喜欢。如果这种好感经得起考验，那就是爱。

——李宫俊

不管是挨了岁月的打，还是吃了命运的亏，内心的一份坚守让她生出令旁人望尘莫及的勇气。

深夜两点，我被一阵急促铃声惊醒，打来的人正是我最好的朋友娜娜。我迷迷糊糊地接通电话，听到一阵凄惨的哭声，我被吓了一跳，匆忙从床上爬起来。

听完娜娜的诉说，我扔掉手机，抓件外套就往门外冲。

事情是这样的，那天下午刚下班，男友就让娜娜陪着他去打点滴。原本以为只是普通的感冒，按照诊所大夫所说打完针就可以退热。可最后他却被送进了急救室。我带着满脑袋的疑问赶到急救室，看到娜娜正一个人坐在走廊上哭，我急忙过去扶起她："这地上多凉啊。到底出了什么事？"

"我也不知道啊，一晚上都在输液，后来他突然就昏迷了。诊所的大夫跟我一起把他送到了医院……怎么办？我该怎么办？他这是怎么了……"娜娜哭得要昏厥过去，慌乱的哭声在空旷的走廊里回响，我拍着娜娜的背，尽力地安抚她惊惶的情绪。

"哐"的一声，门被人打开，寂静的夜里，这声音让人心惊。我紧紧地盯着满脸凝重的医生，生怕从他嘴里说出可怕的消息，娜娜和赵玮的婚期就定在明年啊。

"病人现在很危险，心脏已经停止跳动，我们准备用电击，如果能救过来，这命就保住了。如果救不过来就……"医生没有说下去。

娜娜突然停止了哭泣，整个人都软了，差点要倒下去，我急忙扶住她。

"家属呢？你们是他什么人？"冰冷的语气让我打了个寒战。

"他家人不在这，我是他女朋友。医生，你救救他吧……"娜娜突然清醒过来，哀哀哭求着医生。

"那就赶紧通知家属吧，情况不乐观。"医生说完转身回去了。

万幸的是，赵玮总算是抢救过来了，不过情况依旧很糟糕。医生说，这是糖尿病急性并发症发作了，再晚送一点，性命就不保了。

我一直陪着娜娜守到天亮。

我们多方打听，咨询过不少医生，得到的答案都不乐观。赵玮这种病，这一生都不可能有痊愈的一天，并且会永远依赖药物。这对模范情侣的爱情似乎是走到了终点，不少人都猜测，娜娜离开赵玮，只是时间问题而已。

在照顾赵玮的这段时间，娜娜瘦了十多斤。

赵玮出院后，娜娜就回公司上班，她把积压的工作处理完，拉着我去影楼预订拍婚纱照的日期。

我深知她有多爱赵玮。她一定会不离不弃的。这也就意味着，从他们结婚的那天起，她和赵玮就要共同承担生活的一切。每个月都必须分出一半的收入用来买药，但娜娜很乐观。每天工作之余，她把所有的精力用来研究适合糖尿病人的食谱，又将赵玮每天的三餐和血糖值做成对照表，并且每天尽可能地哄赵玮开心。

更让人意外的是，娜娜突然决定把婚期提前了半年。她说他自从生病后情绪就一直不好，而且特别没自信，所以她想快点结婚，那样既能让他安心，又能更方便地照顾他。

在这个物欲横流、人心浮躁的世界，这样的一份爱情，让人没有理由不去祝福。

有人问娜娜："有这样一个疾病缠身的丈夫，这辈子你得比别的女人付出更多的辛劳，而且说不定哪天病情会恶化，他会突然离开你。这些你难道都没想过吗？"

娜娜很平静地说："我当然想过，我做的一切决定都是深思熟虑过的。我知道，首先我得拼命工作，保障我们的生活；其次还要保障他昂贵的医药费。一餐一饭我都得小心翼翼地对待，得时时刻刻守在他身边。但那又怎样呢？相爱的人相守一生，这不是人生最大的幸福吗？无论将来发生什么，我都会一直陪在他身边。我们彼此不离不弃，这世上没有比这更珍贵的东西了，我们没有理由不去好好珍惜。"

娜娜无论如何也要与所爱之人在一起，她把这当成是一种信念，她对爱情的忠贞就像刚出生的婴儿遇到了他赖以为生的空气。娜娜向我们证明了一件事———切能被打败的爱情都不是爱情。

不要埋怨现实打败了爱情，不要说爱情是奢侈的，不值得相信，一切可以被打败的爱情都不是真爱。这不仅仅是指男女之爱，还有理想、事业、友谊等等，包括所有需要一个人去坚持的东西。这不是你与现实之间的对抗，而是你是否能坚信自己。

终于在一起，还好没放弃

不要放弃自己的内心，因为你自己的人生道路，最终只能自己走下去。如果违背了自己的本心，那便无法快乐。

——摩西奶奶

苏悦喜欢花，最大的梦想就是开一家花店，如今梦想终于实现了。绿萝、三角梅、一叶兰、半支莲、万寿菊……阳台上摆着各种各样的花卉，她每天起床的第一件事，就是跟阳台上的植物们打招呼。看着欣欣向荣的花卉对她来说是最幸福的事。

感受着清晨清爽的空气，苏悦大大地伸了个懒腰，然后回房梳洗，为老公准备早餐。

老公舍不得苏悦辛苦，所以请来了店员打理花店，再加上孩子刚满周岁，她只好把更多的时间放在了家里。

在左邻右舍的眼里，苏悦无疑是个幸福的女人，有温馨的家庭，有事业有成、体贴、会疼人的丈夫，还有乖巧的孩子，花店的生意也相当不错。这些总是招来各种羡慕的眼光。也常有邻居半是羡慕半是嫉妒地说苏悦命好，嫁了个好丈夫。

面对这些，苏悦每次都抿唇微笑，没有过多的话语。每个人都只看到了她现在的幸福，却没有人知道，这样温馨的家庭，这样优秀体贴的丈夫，并不是上天白送给她的。没有人懂得，她多少年的付出，才换来了今天的幸福。

苏悦和丈夫是高中同学。上学的时候就互相鼓励，共同进步，最后又一起顺利地考上了大学。高兴的同时也有着更大的困难摆在他们面前。

两人都是贫困家庭的孩子，双方父母都无力承担学费。他便提出让她去上大学，自己出去打工，挣钱给她支付学费。

苏悦不甘心在这闭塞的大山里生活一辈子，她知道他也一样不甘心，可残酷的现实在逼迫着他们做出选择，只能有一个人走进大学校园。但苏悦不忍让优秀的他放弃。

她毁掉了通知书，笑着说："这下好了，就剩下你的了，去上学吧，我去打工，我不怕吃苦。再说你考的学校比我的好，不上多可惜。"他急坏了。而她回家以后躲在被子里哭了一整夜。

很快，苏悦便跟几个一起毕业的女孩到了上海，通过劳务公司找了工作。她们租最便宜的房子，省吃俭用，努力积攒着每一分钱。

心如磐石，哪里是那么容易的事。苏悦虽不是特别漂亮，但性格沉静，善解人意。温柔善良的花季女孩儿，很容易让人动心。

很快，她便有了追求者。他是劳务公司的老板，一个很优秀的年轻人，单身，有房有车，高大帅气，不到三十岁就有了自己的公司。他对苏悦非常好，每天一忙完工作，就买各种礼物来找她；带她去看东方明珠，去看海，百般呵护。像苏悦这样出身的女孩，这无疑是致命的诱惑。

如果跟他在一起，可以不用像现在这样省吃俭用，节衣缩食；不用每天骑着自行车赶一个多小时的路去上班；不用打几千颗螺丝钉，累得头晕眼花，还要被组长训斥；不用深夜才下班，晚饭只能吃点泡面或冷面包，然后揉着酸疼的手臂入睡。她的生活将会迎来崭新的一面。

苏悦很矛盾，她深爱着那个还在苦读的他。可也想与寻常女孩子一样，去商贸大厦里买漂亮的衣服和高跟鞋，还有好吃的蛋糕。她也喜欢睡懒觉，喜欢躺在爱人的怀里撒娇。

她向一起打工的同学诉说烦恼,请求指点。

同学说:"忠于自己的内心,无论如何选,你都是对的。任何人都有追求幸福的权利。"

给他打过几次电话,总也说不出"分手"两个字,她内心耻于承认自己经不起诱惑。

他似乎觉察到了什么,却并没点破。

那年她过生日,年轻的老板在海边准备了烟花,在漫天烟花下为她戴上了戒指。

回到出租屋,同住的同学递过一个包裹,是读书的他寄来的,里面是厚厚的画册。画册里,或微笑远望,或低头深思,或古灵精怪,苏悦的一颦一笑跃然纸上。最后一页,是他漂亮的钢笔字:"虽然我没有权利阻止你追求幸福,可我有决心给你将来的幸福。宝贝,我会尊重你的选择。"

"你这个坏蛋……"苏悦倒在床上,抱着画册,捶着枕头,泪珠成串滚落。

第二天,苏悦请了假没去上班,她把那个人送给她的所有礼物找出来,打包寄到他公司。

那个人始终不肯放手,每天开着车在她上班的地方等她,几次纠缠之后,苏悦只好辞了工作,搬出了出租屋。其实她相信那个人是真心喜欢她，只是他来得太晚了，她的心早已被占据，再也腾不出半点空隙给别人。

她找了新的工作，依旧准时为他寄去学费和生活费。总算守得云开见月明，他毕业后，两人很快就结婚了。她全心的付出没有落空，他的爱从未动摇。他们结婚只做了登记，没有婚宴，没有婚纱，没有钻戒。开始的生活很艰苦，可他有才华，也非常努力，他说不能辜负苏悦四年的付出，不能让她再继续吃苦，发誓要让她过上幸福的生活。

几年的拼搏换来了他在公司的地位，他在上海有了房，有了车。苏悦再也不用出去打工了，因为太向往知识，她报了成人高考，终于圆了自己的大学梦。

后来有同学问她："虽然最后你没有白付出，但当初你就一点都没怕过？真的一点都不怕他变心，你却白费心血，得不到半点回报？"

"我相信他，只要我无愧于心，即使他变心了，我也没什么损失。我的努力与付出不仅是为了他，也是为了我自己。我还年轻，大不了一切从头再来。"

她所做的一切，都是为了自己，因此她付出的一切努力对自己而言都是值得的。努力工作是为了多赚钱，能够提高生活质量。

拒绝诱惑也是自己愿意，前提是为了让自己问心无愧，未来想起时会毫无遗憾。如果她把自己做的一切努力都归结于男友，那么她的付出是建立在索取之上的，这样一来，当诱惑降临时，她难免会对一贫如洗的男友产生怨气。

没有人强迫你去付出，付出的本质也不应该是为了满足自己的欲望。如果感情的付出仅仅是出自本心，那么付出的时候就已经得到了回报。为什么还要强求对方的回报呢？张爱玲的小说《沉香屑·第一炉香》里有一句"我爱你，关你什么事"，大概就是这样一种境界。

人之所以痛苦是因为欲望得不到满足。所有以别人为前提的努力都是有欲望的，不会长久，更禁不住诱惑。痛苦也就随之而来。因此，所有的决定和选择，初衷都应该是为了自己，而不是为了别人。只有这样你的人生才有了实质的意义。

最好的人生就是，你想要的正是他想给的

女人的傻，是真傻，谁对她好，她就爱谁。可惜的是，对一个人好，是可以装的。

——李宫俊

天下女人没有哪个是不爱首饰的，尤其是钻戒。女人都憧憬着自己穿上婚纱那天，爱人亲手为自己戴上婚戒。

不是女人物质，也不是女人拜金，只是因为无名指上的血管与心脏相连。恋爱中的女人最痴情。她希望心脏末端的血管外牢牢套着相爱的信物，似乎只要这样就能与爱人血脉相通了。

其实谁都知道，一枚小小的戒指无法圈住爱情。但女人依旧对婚戒情有独钟，因为那是爱人的一份承诺，是一种归属，满足

了自己"愿得一人心，白首不相离"的夙愿。

戒指的材质有金的、银的、铜的、锡的、铁的、木的，甚至是塑料的，等等。对于相爱的人而言，材质并不那么重要，重要的是，那是共度一生的人亲手为自己戴上的。

何茗有个小习惯，无论是看书、喝茶，还是和朋友聊天，她都会无意识地转动无名指上的钻戒，上面的钻很小，所以购买的时候价格也不算高。

丈夫陪她去选婚戒时间："你喜欢什么样的戒指？黄金的还是钻石的？"

何茗微笑着说："爱情也好，婚姻也罢，都不是一枚小小戒指能守住的，随便吧，买什么都行。"

丈夫却说："这话虽然是对的，但一个有能力的男人，怎么会舍得让妻子戴一枚不值钱的婚戒？这说明他与你相守一生的心意不坚啊！"

他觉得婚姻大事，一辈子就一次，若把钻戒的价钱摊分到将来相守的每一天，根本不算多。

妻子没再阻拦，试过几款后，选了一枚钻石最小的，而且镶钻的白金也非上等，所以价格相对便宜。丈夫很感动，说以后宽裕了一定给她换一枚更贵重的。她淡然一笑，没说什么。

后来，每当她抚摸这枚小小钻戒，都会不期然地想起过去的一段感情，想起曾经令她爱得死去活来的男人，想起她曾经唯求一枚戒指而不可得的痛苦。

在她与丈夫相遇之前，何茗曾有过一段刻骨铭心的爱情，那个人姓余。

那时候她才二十二岁，正是爱浪漫、爱做梦的年纪，对爱情与婚姻充满了向往与憧憬。与余相爱后，她期待与他有个浪漫的婚礼，期待有朝一日最爱的他为自己戴上婚戒，两个人能相守到老。

一开始的日子是幸福的，余每天下班都会来公司接她，一起吃饭，再一起回他们租住的小巢。

相恋两年后，他们举行了婚礼，但并没有登记领证。何茗觉得那张纸并不重要，重要的是深爱的男人能一直陪在她左右，满足她"愿得一人心，白首不相离"的心愿。

这份幸福一直都有一个不完整的缺口，那就是婚戒。余是从农村到城市来打拼的，本就家境贫寒，挣的工资大部分都寄回了家，再加上他一心想要存钱买房，所以没有多少钱来给何茗买首饰。

婚礼上，司仪喊出那句"请新郎、新娘交换戒指"的时候，原本热烈的掌声突然稀落下来，余没有给何茗准备婚戒，除了尴尬，只剩尴尬。

别人不理解，他们投来的嘲弄的眼神烙在何茗的心上，从此留下的伤再未痊愈。

后来何茗多次向丈夫提及要买戒指的事，但余一直不同意。实际上当时以何茗的收入，自己买都行，根本不是什么问题。可按道理来说，戒指实在不应该由女人自己买。爱情与婚姻是两个人的坚守，绝非独角戏。

原本如胶似漆的两个人，却因一枚小小的戒指产生了争吵，每次余都转身睡去，何茗黯然神伤地失眠到深夜。

办公室里的女孩本就喜欢攀比，再加上何茗与余本是大家眼里的模范情侣，举办完婚礼之后，众人见何茗的无名指仍旧空无一物，都投来了异样的眼光，带着些许不明，还有一丝嘲笑。何茗终于崩溃了，她再也忍受不了那份尴尬，索性从自己的工资中取出一笔钱，让丈夫拿去给她买戒指。

可余仍旧不愿意，他说买房子、买车是最要紧的事，有钱还不如存着，戒指以后再买。

何茗又一次失望。

其实何茗并不是个物质至上的拜金女。在众多的追求者中，有不少都是事业有成的人。最终她却选择了一贫如洗的余，倘若她真的虚荣，一开始就不会和他在一起。

她深爱丈夫，早就准备好要陪着他一起过穷苦的日子。吃苦她不怕，她只怕哪天醒来看不见他温暖的笑容。

她只是想要一枚婚戒，让深爱的人亲手为她戴在无名指上，无所谓什么材质，也无所谓价值。

"我只是想要你为我戴上婚戒而已，不需要太贵，哪怕只是几十块钱的银戒我都高兴。只要是你亲手为我戴上，我都喜欢。"

丈夫对她说的话置若罔闻。

终究，求一枚婚戒而不可得。

最初并不宽裕的日子里，她体谅他的艰辛，如今已有足够的经济能力去买一枚婚戒，却怎么也不能得偿所愿。结婚戴戒指是理所应当的事，况且对于此时的丈夫来说，是再简单不过的小事。这一瞬间，她才幡然醒悟，为什么每个女人在结婚的时候一定要男方为自己戴婚戒，那并不是虚荣，也不是贪图富贵，而是看那个人是否对你上心。她一直以来深爱的男人，从未设身处地为她着想过。婚戒是婚姻开始最初的承诺，是一生一世一双人的美好愿望，他害怕承担婚姻里的责任，所以并不想在婚姻中给他一份承诺。面对如此的感情，她觉得再继续下去已经没有任何意义。

两个人最终分道扬镳。

离开了余，搬出那个虽然简陋但却温暖的小巢，何茗独自熬过了那段绝望的时光，后来离开了那个城市。

几年后，何茗遇到了现在的丈夫，他虽然算不上大富大贵，但对她却百分百上心。他说婚姻是一个男人给自己女人的最基本的承诺，是女人最需要的安全感。婚戒就是最好的象征，它代表了一个男人对爱情的坚守，对婚姻的承诺。

终于有人满足了她的心愿，从她戴上戒指的那天起，就再没有摘下来。因为这小小的戒指圈着他对她的承诺。

红尘俗世中，柴米油盐酱醋茶的日子总是离富丽堂皇太远，离真实的感情最近。精诚所至金石为开，小小婚戒虽然不能保证今后的生活就一定能顺风顺水，但那种与对方共赴红尘，相守一生的决心和诚意，却能带给对方一份最大的安全感。最好的人生就是你想要的正是对方想给的，那种在意，那份真实的感情才是最能禁得起岁月打磨的。

珍惜过去，满意现在，乐观未来

也许一个人要走很长的路，经历过生命中无数突如其来的繁华和苍凉才会变得成熟。

——七堇年

正在和朋友煲电话粥，外公进来了，我急忙挂掉电话，扶他坐下，为他端过一杯凉好的茶。

外公今年七十四了，白发苍苍，脸上每一道皱纹都镌刻着岁月的沧桑，所幸身子骨还是不错的，在街上逛了好一阵，额角虽有密密的汗珠，却并不显疲态。

外公手里拿着一个购物袋，里面装着深蓝色的手提包，我接过他手里的袋子，忍不住拿出来看了看。挺漂亮的，只是质地一般，应该是在路边小店买的。问过之后才知道，他在自家的花椒树上摘了几斤花椒，拿到镇上，用卖花椒的钱给外婆买了这个包。

他难为情地傻笑着："给你外婆买的。"此刻的外公像个害羞的孩子。

"你外婆跟了我一辈子，辛苦了一辈子。我们都这岁数了，再不给她买，我怕要来不及了。"

"执子之手，与子偕老。"我脑子里忽然闪过这句话。再好的爱情也不过如此了。

小时候，爸爸妈妈总是在外面忙，没有时间照顾我，我便常年住在外婆家。说起来，我和妹妹都是外公和外婆一手带大的。外公的脾气比较急躁，常常为一些看不过眼的琐事发脾气。外婆温良敦厚，从来不与他争吵，总是默默地做着自己手里的活计。

但无论生活中有多少争吵，外公在外得了什么好东西，总会第一时间送给外婆。外婆也是，无论有什么好吃的，她都先留给外公，将外公照顾得无微不至。

没有花前月下，没有海誓山盟，没有钻戒与玫瑰，一世辛劳，一世清贫，两个人却相扶相携地走过了几十年的风风雨雨。贫困、疾病、灾难，无论多难，他们紧握着的手从来没有松开过。

外公很有才华，会唱戏、拉二胡，又写得一手好字，画得一手好画。我总是从外婆看外公的眼神里感受到深深的仰慕与浓浓的爱意。

那个年代的人，对相伴一生的人是没有选择权的，一切由父母包办。那个年代的人，观念中几乎没有"离婚"两个字。

观念固然有些保守，可更多的是对于责任的认知。谁说责任不能衍生爱情？我们的身边不乏这种活生生的例子。

爱情是一种令人愉悦的情感，是两颗心的相互坚守，婚姻是一种生活方式，是平淡生活里的相濡以沫。再永恒的钻石也守护不了没有爱情的婚姻，宽容、尊重、理解才是奠定爱情与婚姻的基石。

其实外公那一代人，是羞于提及"爱情"的，在他们看来，两个人既然走到了一起，便是上天注定的，死心塌地，不起邪念。在细水长流的日子里日久生情，无论生出的是爱情还是亲情，都同样可贵，同样值得尊重。

爱情是海誓山盟，婚姻则是日常琐碎，两者都是需要用尽一生守护来证明的东西。

以前有个还在上学的男孩儿问我爱情是什么。

我回了他四个字："福祸相依。"他说，他以为是激情。

谁能保持一辈子的激情？那太不正常，否则，"七年之痒"这个词又从何而来呢？真正能够长久的，其实都是最朴素和最平淡的。

现代人，有了开放的生活理念、宽松的生活环境，有了婚恋自由，便生出了"合则聚，不合则散"的一套理论。谁也不要委屈了谁，"责任"二字，在现在一些人的意识里，已不再那么重要了。没有人必须对另一个人迁就让步，他们早就忘记了维护一份天长地久的感情是多么的不易。正因如此，才愈显珍贵。

也许一生中，我们会爱很多人，最终与你相守的人，也不一定是你遇到的最好的人，但一定是在最对的时间里遇到的最合适的人。这样的选择就好比在沙滩上捡贝壳，你挑选了一颗最大、最漂亮的贝壳，拿在手上爱不释手。当你继续往前走时，却发现沙滩上还有更多、更大、更漂亮的贝壳。当你犹豫迟疑时，可知在前方，还会有更具有诱惑力的贝壳在等你。所以当你捡了一颗你认为最大、最好的贝壳时，就带着它离开沙滩吧。婚姻里除了爱情，更有责任，还有那份坚守的信念。

有了选择，便有了责任。实际上除了"责任"，大多数现代人，早就没有了过去那种两人携手一生，直面人生风雨的勇气。

五光十色的世界里，难免有人心生浮躁。我们时时刻刻都要面对诱惑，如何守住本性，不忘初心，是我们这一生最重要也最难做的功课。

　　人生，就是一场漫长的修行。诱人的美好是对我们最大的考验，耐得住考验，守得住初心，才能看到最美的风景。没有人不经风雨就直接见到爱情的果实，那都是不切实际的空想。只有脚踏实地地走过，才知岁月也有情，那是守得云开见月明的晴朗，那是相依相伴的情长。

不要因为走得太远，忘了我们为什么出发

所有的悲伤，总会留下一丝欢乐的线索。所有的遗憾，总会留下一处完美的角落。我在冰封的深海，寻找希望的缺口。却在惊醒时，瞥见绝美的阳光。

——几米

前两天看到网上有人说，自己家有个小侄子，年龄刚五岁，玩《植物大战僵尸》的游戏，不停地种向日葵，收阳光，然后全部用来买坚果。他的想法与我们完全不同，以为这游戏就是喂养僵尸的。网友觉得小侄子的举动非常好笑，也以戏谑的口气把这件事当笑话传开。

我最初看了也笑，但笑着笑着就笑不出来了。我们常年玩游

戏，游戏大多以杀死怪兽、杀死敌人为内容，很多技巧几乎成为游戏玩家的常识。

那个小侄子的举动折射出他一片纯净仁善之心，也刚好反射出我们成年人隐藏在内心深处的恶。

每个降临在这世上的生命，灵魂都有着最初的纯净，干净纯洁，不染尘事。随着年龄的增长、生活环境的改变，不染尘事的心开始受到现实的冲击，逐渐改变。曾经我们都是天使，后来我们都长成了大人。在变化万千的尘世中出现了千姿百态的面孔，各种社会诱因形成了各式各样的恶果。

一念成魔，一念成佛。善恶之间的转换从来都是难以捉摸、不可限定的。纯净的内心最初都一样，只是人的本性有坚韧和软弱之分，在后天环境的影响下产生了各不相同的果。面对恶的入侵，性格坚韧的人会坚守初心和灵魂的本色，性格软弱的人难以经受环境的考验，所以才会呈现善恶之分、良莠不齐的人格。如何守住生命最初的善，是这一生最艰难的修行。

忽然想到一位同事，她叫明洁，父母最初为她取这个名字，是希望她能有个洁净的灵魂、明朗的人生。

明洁性格爽直，不做作，不虚伪，为人善良热情，也从不在工作中搞小动作。工作和生活中，不管谁遇到困难，她都会伸出援手。虽然工作竞争非常激烈，可同事们都非常喜欢她。

有一次，一位正在上班的同事突然晕倒，明洁立刻叫了120，又自己掏钱随救护车一道去了医院。有同事悄悄对她说："那个生病的同事前两天刚把钱寄回老家，小心他出院了没钱还你，你拿什么生活？"

她满不在乎地说："暂时没钱就慢慢还呗。人家病了，家人又不在身边，我们同事一场，总不能没人管吧？至于我嘛，反正公司有宿舍，餐厅有饭吃，冷不着饿不死就行了，没钱就忍忍不花了。"

明洁这样纯良的个性与自幼的家庭教育和生活环境是分不开的。她说过，她家里人和周围邻里相处得很融洽，因为父母为人厚道、率真，很多人都愿意和他们打交道。所以家里生意一直不错，生活条件也宽裕，她又在两位哥哥的呵护下长大。从来没有接触过社会的阴暗面，所以才形成了她这种明朗、纯净的个性。

天总有不测风云，明洁家的生意赔了，还欠了不少外债，一时连生计都难以维持。父母和两位哥哥只好都外出打工，省吃俭用慢慢还债务。

从那年开始，明洁也节衣缩食，每月的工资全部寄给父母用于还债，生活压力突然袭来，让她感到措手不及，那段时间她变得有些焦虑和急躁。她真希望自己有本事，能帮父母还清几百万的债，让他们回家过安逸日子，不再如此艰辛。

她这种急于帮家里还债的心被别人牢牢抓住，一位已经辞职的同事告诉她，以她的业务能力去做保健品贸易的工作，没准一年下来就能帮家里还清外债。她是如此善良，又急于赚钱，以至于根本没有质疑过这些话的真假和可行性。

其实我是很不放心的，因为我从来不相信什么一夜暴富的鬼话，但多次提醒都没能留住她。她那时已然着了心魔，除了赚钱，脑子里再容不下别的东西。

她走后不久，便来电话给这边的同事，说那边一切都好，公司各项待遇都特别好；上司还替她算了笔账，只要她肯努力，一年赚几百万不成问题；公司正在发展中，急需人才。有三名同事被诱惑打动，打算辞职投奔明洁。

这些的确很诱人，但是稍微动点脑子的都不会相信。后来的事也证实了我先前的担忧，这一定不是正常经营的企业。三位同事只有一位被劝了下来，另外两位还是义无反顾地走了，其中有一位还带上自己的老公。他们内心深处那枚恶的种子已然发芽。

再后来，明洁又以同样的方式叫走了几名同事去投奔她。

她一直试图劝我过去，而我又费尽心思地劝她回来，几番唇枪舌剑下来，闹成了不欢而散的结果。有天夜里，我们视频通话，她对我说："我已经赚了不少钱，都集中存在上级的账上，按照说好的分成，算下来我年底能分到两三百万，到时候我就坐等债主们都来拿。"那一刻，我看到她眼里的疯狂，那种眼神好陌生。

我能做的，只有尽力把我在外面租的小窝收拾得舒服些，我知道她迟早还会回来。希望到那时，至少还有个地方能让她落脚。

果然不出我所料，只是没想到会那么快。还不到年底，我就得到消息，她说那边发展得不顺利，想回来找我。我什么都没问，只是告诉她："没问题，有我在，你回来随时都有地方落脚。"

走错路不要紧，只要能悔悟，知道回头还不算晚，一年的时间不算太长，一切从头再来还来得及，重新开始就是了。希望这样做能够唤回最初那个率真、纯净的明洁。贪、嗔、痴是人心的三毒，若不是急着替父母还债，她怎么会有了心魔，又怎会生出后来的事端。

为免她难堪，我跟其他几位同事约定，只要明洁回来，就不要过多地去问她从前的事。我相信，假意疏忽本身也是一种善。

人们常说美貌是推荐信，善良是信用卡。真正的善良是一个人施舍给饥饿者一碗粥的同时，给他指出一条挣钱吃饭的路。

人生苦短，长路漫漫，红尘总是起起伏伏。我们能做的不过是珍惜现在，守住本心。

小胜靠智，大胜靠德

生活中最重要的事情是懂得何时抓住机会，其次便是懂得何时放弃利益。

——狄斯累利

村里的多数人都通过努力奋斗，在城里买了房，也有的在本地盖起了敞亮的新房。买的虽是比较便宜的平价车，但农村人的日子确实比过去强太多了。

在这个年代，赚钱的机会和途径越来越多，只要肯花费心思，肯付出，总能把日子过好。

凡事总有例外，村里有个年逾六十的人，一辈子一无所成，大家都叫他老何。老何一家至今还住在几十年前挖的老窑洞里，窑洞年代久远,十分破旧,里面连件像样的家具也没有。唯一贵重的东西,是一辆骑了十多年的摩托车。

不了解情况的人,还以为他是个懒散,没有上进心的人。现今这种环境,既没病也没灾,更没有孩子上学,家里没有任何负担,竟然还能穷成这样也是不多见的。

熟悉老何的人都知道,他脑子灵活,能力不差,也很上进。村里人有了难处,都喜欢找他帮忙,他总能帮大家出一些好点子,而且他的组织协调能力非常好,能把杂乱的事安排得井井有条,毫无错漏。所以各家有了婚丧嫁娶的事,都愿意请他去张罗。

听长辈们说,老何是个有文化有本事的人,三十多岁的时候在镇上最早的一家企业做后勤管理,每个月能赚不少工资。

做了几年之后,又转去市里最早开起来的一家大酒店做了经理。那个年代出门打工的人很少,大多数人都只知道面朝黄土背朝天地在田里劳作,一年到头只能赚到一点钱,所以老何在乡亲们的眼中算得上个"大人物"了。

当年的老何满面春风,穿着西服,打着领带,皮鞋擦得黑亮,很是气派。只是好景不长,他只在酒店做了两年的经理,就不干了。他回家后看着家里几亩薄地心有不甘,开始学着贩卖土特产。一开始赚了钱,但后来生意越来越不顺,之前赚到的钱赔进去不说，还欠了不少外债。

万般无奈之下，老何只好回家种地，一年下来除了能赚到一家人的口粮之外，几乎没有任何多余的收入。对贫困的生活他心有不甘，于是把几亩山地全种上了果树，他觉得果树的经济效益一定会高过粮食。

但果树的成长是缓慢的，那个年代的老品种挂果也比较晚，要赚钱还得是几年之后的事。远水解不了近渴。

老何又坐不住了，一直在想办法往外发展，以前在外面工作积累了不少人脉，他通过朋友的关系，开始承包修路工程。那时候老何已经五十多岁了，再不努把力这辈子就真来不及了。

正赶上全国各地都在大搞农村建设，修路当然是排在第一的大事，工程量非常大，所以承包工程也很容易。

老何承包的第一个工程非常顺利。他有点小聪明，同样的工程，他做一单下来能比别人多赚很多。

后来的第二个工程也是顺风顺水，当时大家都认为这次是他翻身的好机会，可后来却没有人愿意跟着他干了。慢慢地，就连工程也承包不到了，而且之前帮扶过他的人都开始对他避而不见。

事业频频受阻的老何，最后只好回家养老。又过了几年，凭着前期工程赚的钱，也坐吃山空了。

诸如这样的事，在老何的一生中实在不胜枚举，他总能在别人尚且懵懂的时候找到发展事业的机会，却无法持续地坚持下去。结果这一辈子下来，没有一项事业是完整而成功的。

于是认识老何的人，都对他摇头叹息：这真是个倒霉的人。

甚至还有人说，他是出生的时候不好，注定了一生坎坷，做任何事业都无法成功，永无出头之日。人们觉得这样说也不足为怪，一个很上进、不甘于平庸且聪明敏锐的人，最后却落得如此潦倒的田地，也许是上天在故意捉弄他。

世间一切皆是有据可循的。如果你仔细研究下老何的经历，就不难发现问题所在。

有句话说，"聪明反被聪明误"，说的就是老何这样的人。用长辈的一些话来说，他就是心太"毒"，也可以理解成心太"独"。在他心目中永远只有自己，只顾自己赚钱，永远不会去考虑别人，人家也是需要养家糊口的。阻断他事业的从来不是别人或者命运，而是他自己，是他不懂站在别人的立场去着想。

他最早在镇上做后勤的时候，从中得了不少回扣。这类事并不足为奇，关键是他拿得实在是太多了，后来导致财务的账都没办法做，弄得后勤保障极差，员工们群愤难平，眼看纸里包不住火，他只好自动离职。

那个企业后来发展得非常好，当年的老职工后来也都分到不少福利。如果老何做得不那么过分，能继续留下来的话，他现在的所得一定多过当时的回扣。至于后来在酒店工作的始末也和上面差不多，都是他自己迫不得已才离开。

承包修路工程的时候，他总是能想出各种理由和办法，拖欠甚至克扣工人的工资，一开始跟着他干活的人都一个个离开了。再加上他偷工减料太厉害，导致路面质量严重不过关，自然没人再敢把工程承包给他，原本与他合作的人也对他渐渐失望，唯恐避之不及。

但凡与他合作过的人，都不再愿意与他一起共事，因为他只要自己能抢到最大的一块蛋糕，就不管别人是死是活。他从不考虑明天的事，这种斩断自己后路的蠢事断送了他的前程，即使奋斗了一生，也是一事无成。

到如今，他已年逾六十，只能安安分分地在家种地了。山地里的果树虽然开始挂果，可因为品种老、果味差，没人愿意买，只好烂在了树上。

"利者，义之和也。"这句话出自《易经》，其实最简单的解释就是双赢、互利，只有达到平等互利，合作才能持续进行。关系稳定，利益才能长久。

一旦进入社会,我们每个人就不再是单独的个体,总会与社会中的人和事产生各种联系。任何人都会与他人产生协作关系,任何长期的协作都是要建立在双赢的基础上的,一旦伤害了协作者的利益,就会自断财路。

世上没有什么损人利己的事,损人,必定损己。

不伤害他人就是在保护自己。

了解自己和别人，了解彼此的欲望和局限

人生最低的境界是平凡，其次是超凡脱俗，最高是返璞归真的平凡。

——周国平

有段时间，网络上关于星爷的骂战可谓满城风雨。很多事情，原本就说不清谁对谁错，只是看到星爷的那句叹息时，突然有一阵伤感涌上心头。

"对不起，我老了。"

是啊，他已老了，满头华发，昔年那个让我们坐在剧院里哭了笑，笑完再哭的星仔，如今已然面容沧桑。

我们谁也说不清，一直以来的沉默究竟是对种种流言的不屑，

还是他的确拙于言辞。也许真的是因为他老了，已无力再战。

天下万物，精力和能量都是有限的，尤其是一个人。这些年星爷的作品越来越少，心力也有限，放下一切光环，洗尽铅华，他终究只是个有着天才大脑的普通人。现如今，他只是个耗尽了心力，五十多岁的中年人。

过去很多年，他用他独特的编剧、夸张的表演给我们带来了那么多欢笑。但他自己的笑却从来没有落进眼底。如今再看，我们笑中带泪，流泪之后又开始感悟，那些经典段子字字珠玑，句句戳心。

星爷曾教我们坚强，教我们不向现实妥协，教我们不忘初心，教我们不放弃梦想……

现在他老了，我们本不该去责备他作品越来越少，不复当年神采。面对这些日夜期盼着更多新作品的影迷，还有那些指责的声音，他唯叹息一声："对不起，我老了。"听到这句，我们不由得会心酸。

前几天我回了一趟家，爸爸带我和弟弟去老屋取东西。那里十数年人迹罕至，长满了荒草，几乎连路也寻不到了。

从家里出来的时候，妈妈递给我一个篮子，说老屋门外的枣应该熟了，让我摘一些回家。小时候，我经常爬上高高的枣树，坐在上面吹风眺望。每到秋季，树上长满的水分饱满的枣就成了我和弟弟妹妹最喜爱的零食，环保无污染，摘下来就能吃。拿回家让妈妈给我们蒸熟了吃，清香扑鼻，软香可口。

多年后再见到这棵枣树，它已不复当年盛景，树干倒伏得厉害，几乎与地面成四十五度角。我记得它以前就有些倒的，但我没想到它居然倒得如此厉害。

爸爸说，也许是因为它老了。

树上结的枣并不多，弟弟爬到树顶一通猛晃，我在及膝的野草中仔细地搜寻，也只是捡了半篮子而已。

弟弟拈起一颗扔进嘴里，嚼了几下却说："不好吃了，没小时候那会甜了，水分也少了。"然后他就不再理会我篮子里的枣，转身进老屋去取东西了。

我靠在倒伏的树干上仰望雨后初晴明净湛蓝的天空，品尝着刚刚收获的枣子，一颗又一颗，的确没有了记忆中的味道。毕竟，时光已过十几年，我们再也没去看过它，没有再给它浇过水、除过虫，如今还能看到这些硕大无虫的枣已经是不错了。着实不该去埋怨它。

若它有情，若它能言，能听到方才弟弟嫌弃的话，我想它也会无奈且无辜地叹息一句："对不起，我老了。"

老屋也老了。妈妈当年用一双巧手将这里打理成整个村子里最干净、漂亮的院落，花草整洁，摆放有序。我曾在花荫下读书，朗读古诗。弟弟曾拉着爸爸亲手为他制作的木车满院乱跑。妹妹曾坐在院里数着星星，盼望远行的爸爸早日归来。

妈妈近年来开始健忘，她很是自责，连连嗔怨："真是老了，一点用都没有了。"

弟媳在旁边笑着："家有一老，如有一宝，用处大着呢，怎能说没用呢？"

为人父母者，操劳一生，精心照料儿女长大成人，再看着他们去展翅翱翔，用尽一生精力，还要最大限度地为儿女多留下一些东西，或物质，或精神。

我们面对再也没有力气劳作的他们，不能埋怨，更不能忽视。因为他们不曾亏欠我们，只是一切都是有限的，生命有限，能力有限。请不要让他们心生歉意，让他们心寒。

生活就像一场旅行，过程中会看见高山和大海，心中也会感慨万千，可能一切过去之后，我们面对的仍然是日复一日的黑白交替。所以，在人生之路上，得也好，失也好，都不要太牵强。平凡的人做着平凡的事，都不要太强求。

第五章

用努力，撑起你的野心

在你的才华还无法跟上你的野心时，就静下心来努力。

——卢思浩

别让抱怨绑架你

偶尔抱怨一次人生可能是某种情感的宣泄，也无不可，但习惯性地抱怨而不谋求改变，便是不聪明的人了。

——三毛

我认识一个姓林的男人，这里姑且称他为林先生。其实我并不愿意给他冠以"先生"的称谓，因为在中国文化里，"先生"二字，是对有气度有胸怀、知识渊博之人的一种尊称。只是到如今，随便拎出一个雄性动物来，都被称为先生。那我也只好无奈地称他一声"林先生"。

认识林先生的时候，他已年逾四十，人常言"三十而立，四十不惑"。

一个年过四十的男人，可以没有事业，但至少应该有一份可以维持生活的工作；可以没有婚姻，但至少该有过一份真挚的感情；可以没有优越的生活，但至少该有一份健康的心态。

可惜，这一切林先生都没有，他只有抱怨和日渐光亮的脑门儿。

那时候他和朋友合伙做酒水推销，收入十分微薄。如果努力拼搏一番，生意总会有起色，但他却把大部分心思都放在了泡妞上。

我曾调侃："你都一把年纪了，脑袋上的毛儿都快掉光了，还没房没车没存款，能泡着妞儿吗？"

他理直气壮地说："没房没车没钱怎么了？我有一腔真心，又不是天下女孩都像你一样现实。我年纪大怎么了？年纪大才会疼人嘛。"

我干笑着翻了个白眼，的确不是所有的女孩都那么现实，但一个男人，二十岁时一无所有，可以归咎于家境贫寒；三十岁时一无所有，可能是奋斗的路上充满坎坷；可到了四十岁仍一无所有，那就需要从自身找原因了。

你从十八岁成年起，在工地上搬砖头都不至于二十几年过去还是半毛钱积蓄都没有。更何况，如果在工地上做过二十几年，你还只能搬砖而没有学会任何技术的话，那么活该你一辈子搬砖，活该你一辈子打光棍。女孩儿不是嫌你穷，而是嫌你没出息。女人不怕嫁穷男人，怕的是嫁给一个窝囊废。

有一天，我一时好奇就问林先生："且不提房子车子，为什么你都四十多岁的人了连一丁点积蓄都没有，甚至在事业上连个打零工的年轻人都不如？据我所知你家里虽不算富裕，但你父母有你大哥照顾，你又没有老婆、孩子要养，应该不至于窘迫到这个地步。"

他的回答让我再一次认定他是个不可救药的奇葩，他说："我这辈子的所有不顺都是别人造成的。我小时候成绩不好是因为我妈没给我生一个聪明的大脑，实在学不进去有什么办法？所以我初中毕业就辍学了。我又没个当官的老爸，可以给我安排工作。后来有人愿意带我出去打工，可我姐姐不同意我去，就因为我没成年，都是她害我错过了机会，害了我一辈子。再后来我去南方做游戏机销售，那个老板又黑了我，害我身无分文，差点回不了家……"

总之在他看来，他生命中遭遇的所有不顺与事业上的毫无成就，一概都是别人造成的，他自己没有半点责任。诸如此类"强奸"我耳朵的言论简直让我忍不住想要发狂。

其实，谁的生命中没有遇见几回倒霉事呢？但没有人真会一辈子倒霉。尤其他总爱强调他是被别人骗了，可问题是，如果你自己不蠢，不贪小便宜，别人哪那么容易能骗得了你？而且被骗一次是倒霉，被骗多次那就是你自己太过于愚蠢了。

不努力不能算错，但不努力又愤世嫉俗，心理就会日渐扭曲。在林先生的思维里，有成就的人，一定是运气好，靠的是阿谀奉承跟为富不仁。有这种想法的人，好像全世界都欠了他，所有人都必须要接受他的正义审判。

林先生还是个一毛不拔的铁公鸡，简直吝啬到令人发指的地步，当然他的理由非常充分："我小气那是因为我穷，别人比我富裕，所以别人理所当然得多付出。"

林先生做过近十年的酒水推销，虽没有什么建树，但还算有些经验，有位做酒水生意的老板请了他去帮忙打理生意。老板很忙，没有精力顾及酒水的生意，所以与林先生约定，由他出资，由林先生负责具体营销，公司盈利年底分成。老板资金雄厚，所以只要林先生能打理好营销方面的事，公司不会有任何问题。

这本该是个事业翻身的大好机会，我想任何一个头脑正常的人应该都会紧紧抓住这个机遇好好奋斗一番。

林先生起初也很认真，一边铺货一边制定营销策略，同时又马不停蹄地跑客户。只是好景不长，他很快就再次暴露出窝囊废的原形。按照合作的约定，公司经营方面的资金由老板全部负责，但林先生却连他的生活费都让老板报销，还振振有词地说："我这是在替你工作，你报销我的生活费是理所当然的。"

我那时刚好负责办公室的事务，所以当我把林先生那一大堆报销项目拿给老板的时候，能看出老板是强忍着火气签了字的。我腹中暗笑：老板到底是老板，竟有如此肚量。

要知道，林先生的报销项目，连他买牙膏、牙刷、沐浴露等各种生活用品的费用都在其中。

还有一件事更令我无法接受。有一天中午，我要外出去买办公用品，问同事们有什么要带的，林先生说需要带一提卫生纸。我答应之后就等着他给我钱，结果他抬头看看我，让我拿发票去找老板报。

以上这些都还不算，林先生动不动就去提醒老板："当年你穷得混不下去，还是我可怜你，介绍你老婆到酒店当服务员的……"

林先生的所作所为，过分到了令人难以忍受的地步。

明眼人都看得出，老板的脸色一天比一天难看，见到他就是铁青色，我猜想他应该不只是脸色发青，八成连肠子都悔青了。

其实在我看来，老板给他如此优越的创业机会，已算得上滴水之恩涌泉相报了。可他偏偏不知足，总感觉老板永远都是欠他的。

当年那对需要他扶助的贫寒夫妻，如今都已事业有成。我怎么也想不通，站在比他还小十岁的老板面前，林先生怎么没有感到过一丝羞愧呢。

办公室的人都很讨厌林先生，因为他总是不厌其烦地强调着，他哪天送给谁一支笔，哪天送给谁一个水杯，哪天借过十元钱给谁……如此一遍又一遍地提醒着受过他"恩惠"的人一定要记得回报他，而且一次两次不够，至少得回报一辈子。

在他看来，他借给别人十元钱的滴水之恩，别人就应该以一生的收入来涌泉相报。我实在找不到一个切合的词来形容他，只能称他为"奇葩"。

与林先生这种奇葩合作是天下最不幸的事，我觉得老板迟早有一天会和他撕破脸。林先生后来真的离开了，是他主动辞职的。因为一项业务开展得一直不顺利，老板不轻不重地说了他几句，他心里就有了情绪。在他看来，业务上不去是因为这个地区的人太难打交道，是因为手下的业务员没能力，更是因为老板选的产品不好，总之跟他这个营销经理没有半点关系。

突然有一天，林先生把一大堆单据扔给了我，告诉我他要走了。我一时愕然，问他："你要走也得等招聘到新的营销经理交接了工作再走吧？你把这些东西扔给我算什么？况且，你要走也得等老板回来。"

结果这家伙却说："业务开展得不好，我也没办法。趁着老板不在，正好可以悄悄地走人。"

　　他就是这样一个人，连个辞呈都不敢交，简直是窝囊到极点。

　　跟我打完招呼他就消失了，我在清理账目时才发现，所有酒店已结货款都被他带走了。我赶紧打电话去问，他说他给老板干了那么久的活，这些钱是他应得的报酬……

　　当我忐忑地打电话向老板报告这一切时，老板叹了口气说："走就走了吧。"然后就挂了电话。

　　林先生走后一个月左右，他又打电话给我，要求我把他落在办公室的保温杯和一件至少穿了有十年的外套寄给他。噢，还有一条他平时擦脸的毛巾，早已酸得发臭了。

　　同事都要我别理他，因为那点破玩意连快递费都抵不过。我也就没再理会，谁知几天之后，他开始疯狂地给我发QQ诉苦，说他现在无处可去，无家可归，没有任何经济来源，穷困潦倒……他要我一定要把他上述的几件东西寄给他，天气已转凉，他都没有外套可穿……然后又说办公室的热水壶和抽纸盒等一堆小零碎儿都是他掏钱买的，要我找老板报销然后把钱打给他。

　　可怜、可笑又可恨。

　　看他"可怜"，我就付了快递费，把他落在办公室的东西统统寄给了他，还给他QQ留言："这世界不欠你什么！"然后拉黑。

　　当今社会富人不少，富二代不少，官二代也不少，但大多数人还是贫寒百姓，大多数人都在忙忙碌碌地奋斗着、打拼着。我们没有办法选择出身，但我们总可以靠后天努力。我们虽不是富二代，可我们愿意努力让我们的孩子做富二代。其实大多数富二代、官二代并不是完全只知道吃喝玩乐，人家也懂得上进，懂得奋斗，只是起点略高一点而已。比你起点高，还比你更努力，你又有什么理由，有什么资格不去努力呢？

你看到某企业老板一掷千金，却没看到他创业时，夜不能寝食不能安的狼狈；你只看到了苗条的腰身，却没尝过美女日夜挥汗在健身房里锻炼的艰辛；你只看到了别人逛街购物神清气爽，却没看到人家奔波、打拼时的劳累。

别满腹牢骚、怨天尤人，这个世界真的不欠任何人。每个经济地位居于你之上的人，都有比你更惨淡的付出。他们没抢走过你任何东西，你的所获，只与你的辛勤付出成正比。真的不是别人的错。

你若不冷漠，世界就温暖

活在这珍贵的人间，太阳强烈，水波温柔。

——海子

人活得久了，你就不难发现，除了要经历各种各样的坎坷，还不时地会遇到各种让你出乎意料的嘴脸，简直可以毁掉你对这个世界最初的认识。试想某一天，当你走进一个陌生的城市，孤独地站在街头，举目四望，往来皆是陌生面孔的时候，你会不会感到不安和彷徨？心里自然而然会生出一种孤独和无助感，难免不会感叹："世界真冷漠啊！"

那年，我独自在广东生活，因感冒发了高烧，没有食物，没有热水，没有关切的目光和温暖的手。就这样无人问津地在出租屋里躺着，连自己都不清楚究竟躺了多久。

人在极度脆弱的时候，最容易产生报怨，抱怨世界的冰冷，抱怨人心的麻木。后来想想，我一直是独来独往，深居简出，根本没人认识我，更不会有人知道我一病不起，给世界下这样一个定义难免有些偏激。

内心敏感或处于弱势地位的人最容易养成怨天尤人的习惯，实际上这个世界真的有如他们感叹的那样冷漠吗？

昨天夜里我从平凉回来，在经过某处山间弯道的时候，突然想起一件事。

两年前，我们一家四口路过此地，当时正是清晨五六点的样子，车被堵在了路上。我们停好车，往前步行了一段，才知道是前方出了车祸，一辆满载水泥的大货车从上面的山道冲了出来，直冲到下面的山道上。大货车驾驶室已完全散架，大部分水泥袋被摔破，散乱地堆在路上。

我们打探驾驶员的去向，路人都说没看见，据说车是半夜时从上面翻下来的，货车驾驶员早已被救走。

听到这个消息后，围观的人都松了一口气。窄窄的山路几乎被堵死，想返回也不现实了，于是便有人三五成群地聚在一起闲聊。爸爸和周围人商量着怎样清理出一条可以让车子通过的道路，因为这里属于偏远山区，要清理完车道，恐怕要在这耗上一整天。妈妈有些疲惫，独自坐在车里休息，我和妹妹在开满野花的山坡上闲逛。

正当我们想回车上休息的时候，忽然跑来几个人，满脸都是担忧与焦急。其中一位已是满头银丝，走路跄跄地差点被绊倒，在旁人的搀扶下向驾驶室扑去，喊了一声："孩子……"

喊声凄楚，我被惊到了，心猛烈地颤抖起来，内心泛起疑问：不是说驾驶员已经被救了吗？

听见老人的呼号，我们都急忙跑了过去。驾驶员的家人七手八脚地清理起现场来，他们把堆在驾驶室周围的水泥袋搬开，发现驾驶室空空如也，老人不甘心，又到处翻找，终于在一堆水泥下挖出一个年轻人，几乎被水泥糊住了。

车祸发生在深夜，清晨时才被发现，人们见驾驶室是空的，就以为驾驶员已经被救。谁也不知道，小伙子当时被甩出了车外，又被滚落的水泥袋埋在下面。

在周围人的帮助下，驾驶员终于被抬了出来。他似乎听到了父亲的呼唤，轻轻呻吟了一声。有人惊呼："还活着呢，快叫救护车……"

旁边人焦急地喊："救护车已经来了，可是路被堵死了，过不来……"

银发老人茫然地转了一圈，"扑通"一声跪伏在地，满眼含泪地哀求着："行行好，车子挪一挪，救救我儿子。"

人们急忙去挪车，可后面车子太多，一辆辆地挪太耗时间。焦急中，有人喊了一声："大家抬着跑吧。"

有人先跑到了救护车边来叫人，救护人员抬来了担架，很快几名年轻有力的路人便将驾驶员抬送上了救护车。满头银发的父亲，一路奔跑，一路流泪。

此情此景下，还会有人说这个世界冷漠吗？情急之下，有更多的人愿意伸出援手，愿意抬起担架，愿意把身上的外套盖在伤者满是水泥的身上。在路人的协作下，终于清理出一条可以通过的窄道，将驾驶员送上了救护车。

我无从猜测那个重伤的驾驶员是否能够挺过去，也记不清大喊"叫救护车"的那位路人是谁，更找不出最先提议一起抬出伤者的人是哪个。但我想，当一个生命危在旦夕的时候，当听到那位老人凄楚的叫喊的时候，没有人会无动于衷，没有人能做到袖手旁观。

离去时，我回头看了一眼巍巍青山，人生天地间，没有谁不渴望温暖，也没有几个人会吝惜举手之劳。这个世界真的没有那么冷漠。

命运本身不是什么甜美的东西

世上最甜美的欢乐，都是忧伤的果实。人间最纯美的东西，都是从苦难中来的。我们没有经历过的艰难，怎么懂得去安慰别人。

——《圣经》

我有一个交情还算不错的朋友，单名一个芳字。年纪不大，却比同龄人早熟得多，她家里有一所私营医院，算是个富二代。

芳的父亲是位远近闻名的神医，每天从各地赶来求医的患者络绎不绝。

芳的母亲早逝，父亲的身体也不好，妹妹还在上中学，她又没有别的兄弟，所以一直守在家里照顾父亲，打理医院的事务。芳勤奋聪慧，从小就跟随在父亲身边学习，虽然没上过正规的医科大学，却几乎学到了父亲所有的医术。后来她开始自学，并陆续参加各种中医讲座，考取了不少资质证书，也很早就获得了行医证。

在她这个年纪，能有如此成就是很不容易的。很多与她年龄相当的年轻人大多都还只知道吃喝玩乐。

只有一件事让我很不解，芳周围存在不少同龄的追求者，但她从来不与他们打交道。她不肯像正常年轻人那样去恋爱，却甘于做别人的小三，那男人大她十多岁，仅仅是一个工厂的小老板。

芳有知识，有能力，凭她一身医术已足够过上富足的生活，为什么她偏偏去扮演一个为别人所不齿的角色，很多人都不解。

除了"爱情"，我似乎找不出其他理由来解释芳的行为。

她说那的确是爱情，她崇尚强者，只有有能力、有魄力的男人才能征服她。那个男人原本出生在一个极端贫困的家庭，连温饱都无法解决，因为家庭贫穷他甚至连小学都没有毕业。但他勤劳、敢拼，凭着敏锐的眼光和过人的天资，在三十岁的时候就拥有了自己的公司，豪车、豪宅自不在话下。

纠缠了两年，芳才发现那个男人根本不可能与妻子离婚而后娶她。彼此伤痕累累，也并没有什么"爱情"。他与妻子有着患难之情，那个与他一起打拼多年的女人，还为他生了孩子，男人不愿抛妻弃子。

芳见前途无望，便利落地斩断了情丝。本就不是因为贪图荣华富贵才当的小三，所以离开的时候也没有要求补偿。她很平静地结束了这段不被世俗认可的感情。

后来的芳经常去浏览一些相亲、交友网站，而且她只对三十五至四十五岁事业有成者感兴趣。她开始频繁地约会，但能入得她眼的男人却少之又少。

有一次，芳要去见一个中年男人，非要拉着我一起赶赴约会。

那个男人虽其貌不扬，却经营着一家规模不小的公司，算得上是成功人士，但无名指却戴着一枚白色戒指，竟然"偷吃"得如此光明正大，着实让我大开眼界。

离开饭店后，我实在忍无可忍，急切地问她："你既然与那个男人分手了，那就改邪归正啊，正儿八经地找个与自己年貌相当的人交往啊！干吗成天跟那些中年男人纠缠不清？而且你看上的又全都是事业有成的人，那样的男人怎么会没有家室？都不过是骗骗小女孩罢了。别的小女生不懂事，你这么聪明的人也不懂事吗？就说今天这个，且不说人家有没有老婆，光说年纪都足够做你的父辈了，你一天到晚到底在想些什么？"

芳沉默了很久，抱膝而坐，眼神里飘过一抹无助，那是我在她身上从来没有看到过的东西。在我看来,她一直都是个乐观而有能力的女孩儿,通过勤奋努力把自己武装起来的她永远与"无助"二字不搭边儿。

"你知道的,我爸爸的身体一年不如一年,我又从小就失去了妈妈,还有我那个妹妹……唉,别提了,都是上高中的人了,还一天到晚地玩,除了花钱别的什么事都不想。"

芳的声音很低,满满的都是疲惫:"我又没有兄弟,虽然家境还算优越,可除了病弱的爸爸,这世上我再没有任何可以依靠的人,而且爸爸毕竟老了,我以后怎么办?我得照顾爸爸,照顾妹妹,还得扛起医院。我今年才二十几岁呀,一想到今后的生活,就愁得整夜睡不着觉。你知道我是多么渴望有个强大的人来帮我吗?"

"这就是你专挑事业有成的大叔的理由?"

"嗯。"她轻轻地点了点头,"我之所以缠了他两年多,是因为我是真的崇拜他。他能从一个落魄的穷小子奋斗到今天的地步,可见他有能力,有魄力。如果他与我在一起,就能帮我挑起家庭的大梁。当然,我对他的确有爱的成分,真的。"

"听你这么说,好像可以理解,可你却在拆散别人的家庭。你从小就失去了妈妈,难道就忍心让别人家的孩子生活在破碎的家庭里吗？"

"我管不了那么多了。"芳咬着嘴唇，眼睛里闪着倔强的光，"你知道我看着爸爸的身体一天天地弱下去，心里有多着急吗？我真希望马上就能有个人来帮我，我真希望爸爸可以好好地休养身体，不再劳累，不再操那么多心，好好地安享晚年。"

我长长地叹了口气："你不是还有自己吗？难道非要靠别人？"

"我？"她抬头惊愕地看着我，像是听到了天方夜谭一样。

"你怎么了？你虽然是个女孩，可这并不妨碍你接管医院啊。你虽然年轻，可你父亲那一身的医术不都传给了你吗？而且近两年以来，你也一直在帮着你爸爸给患者做治疗，你只是还年轻，缺少管理的经验，这完全是可以慢慢历练的。再说还有爸爸在你的身边，他可以随时指点你，怕什么？把你到处去找男人的精力拿来好好学习管理，你会获益更多。"

"我……我不行吧……"芳不自信的样子实在和平日里的她判若两人，"我给人治病还行，让我管理医院，我真的……我连想都没想过。"

"从今天起就开始想吧，并且试着去做，你父亲这辈子好不容易打拼下来的江山，凭什么就那么轻易地拱手给了他人？如果人家娶了你，替你打理医院，那就等于把你父亲这辈子的心血都拱手让给了别人，哪天那个人闪了，你会后悔得不行。好好照顾你的家人，经营好你家的医院，然后找个条件相当又爱你的男人嫁了才是正理。"我嘻嘻地笑着捏了捏她白皙光润的脸蛋。

芳本身是个美人胚子，再加上这份家业，很容易招惹不良分子的觊觎。她却巴不得送到人家的手里。

没有人敢说自己这辈子都不需要别人的帮助与扶持，人类本就是群居动物，很多情况下需要通力合作或他人的协助才能够完成一些事情。但无论多么需要帮助，也不能放弃自己的努力，更不能将希望全部寄托在别人身上。

大部分人都觉得，幸福的人生就应该是踏实的、稳定的、快乐的。但事实上，人生一直是动荡不安的。我们在浮沉时，打捞那些闪亮瞬间的过程才是幸福的。

无论何时，都不能破坏别人的家庭，永远要把持道德底线。所有把自己的快乐建立在别人的痛苦之上的人，最终都不会有好结果。打破底线的人，永远都要背负着破坏者的罪名，很难会有幸福的未来。

永远不要奢求虚幻的东西会给你现实般的温暖，你的每一份幸福都要靠自己得来。

人们总是费尽心力地去寻找一种长久的依靠，企图拥有一份永远稳定的人生，避免一切受伤受苦的环节。所以宁愿承认自己的软弱无能，也不愿意去面对生活的不确定和未来的迷茫。生活的每一份安定都是自己赋予的，没有任何人可以代替你去承担，这也是人生最公平、合理的一面。

要想并驾齐驱，必须势均力敌

在爱情里面，你竭尽所能地付出，有时只会换来竭尽所能的嫌弃。

——蔡康永

常言道："物以类聚，人以群分。"通常情况下，精神状态和社会地位决定了一个人的生活圈和朋友圈。

文人学者自然多与同道中人交往，商人通常多在生意场中周旋，赌徒总能找到赌场，酒鬼们也总流连于各个酒场。

在相当长的一段时间里，我总是抱怨生活中缺少文化氛围。生活圈子里莽夫与白丁太多，身边总是围绕些唯利是图的商贩，看不到热爱文化的人，更找不到精神修养高的人，我是那样向往

"谈笑有鸿儒，往来无白丁"的生活状态。

后来，我渐渐明白，在我生存的地方，存在很多知识渊博的学者，也不乏各个领域内的精英。之所以我未能达到"谈笑有鸿儒，往来无白丁"的生活状态，其实是因为自己不够资格。无论是学识还是精神状态都没有达到那样的层次，所以我就只能辗转于商贩、白丁与莽夫的圈子，忍受着街道对面商城里一天十多个小时播放乡村摇滚的折磨，在隔壁商城刺耳的装修声中，竭尽全力地保持一份平静的心境来读书、写作。然后时时告诫自己：吾非梧桐，何以引来凤凰。

除了社交，在婚恋关系中这种状况会更加重要也更加明显。古人讲"门当户对"，也并不完全就是限制了自由婚恋，因为在不同生活环境及人文环境中成长起来的人，在很多方面也一定会有各不相同的生活习惯和价值观，在两者都极难统一的情况下，彼此之间又如何会产生爱情？

在这个物欲横流、人心浮躁的时代，连婚恋关系都被人贴上了种种标签，有了自主权的年轻人自然会对自己将来的另一半精挑细选，附上种种的要求。

前几天听妹妹说与她一起上班的女孩儿在提及婚恋话题时，最基本的要求对方是有房有车有存款，否则一切免谈。一般男女谈婚论嫁的年龄大多在二十到三十岁之间，在这个年龄段要求男方有房有车有存款，根本不现实。那些要求和条件实际上是女方在考察男方的身世。

所谓"物竞天择，优胜劣汰"，每个人都会向往高质量的生活，都想在自己的可行范围内挑选更优者，这原本也无可厚非。只是，当一个人开始过分苛刻与挑剔的时候，有没有想过，自己是否有那个挑剔的资本？你找到了合适的人，还要有能力与他并驾齐驱才行。人家谈及世界金融走向时，你要能接得上话，人家在欣赏美词佳句时，你也得懂得"杨柳岸"与"大江东去"的种种意境。热播剧《甄嬛传》中甄嬛与皇帝吟诗作对，心有灵犀，安陵容却只能端茶倒水，侍立一旁，想想就觉得尴尬吧。

时至今日我仍然记得，当年被催婚时的情景。那时的我已步入"大龄剩女"的行列中，妈妈多番催婚都被我拒绝了。忍无可忍之下她拍案怒斥："你到底想怎么样？你要事业没事业，要学历没学历，除了脸蛋儿漂亮以外，你还有什么资本挑来挑去的？你想要找好的，人家也得能看上你才行啊，眼光放低些吧……"

其实妈妈的斥责完全是冤枉我了，我不嫁并不是因为自己眼光太高或者心高气傲，仅仅是因为我还不想嫁而已。

妈妈虽然误解了我，但她的话并无道理。一个人如果未能达到一定的高度，那么最好不要眼光过高，要懂得平视。

韩剧热已经成为一种现象，网上的吐槽整日不断。昨天又看到一篇文章，作者提到了对韩剧热的理解。韩剧中的女主角大多都来自社会最底层，除了一张还算清秀的脸蛋儿外，要什么没什么，只剩下一颗满怀善意的心；既无能又平庸，有些甚至年龄还很大，就算是这样也照样能吸引到帅哥，而且个个都是高富帅。他们都爱得死去活来，非卿不娶。女主角最后总能赢得一场极尽豪华的爱情，简直是没有任何天理又完美得令人沉迷。

这是韩剧捕获人心的经典手段，让那些渴望不劳而获的人过足了瘾。每个人都会有这种白日梦，剧情不过是让观众圆了自己的梦而已。

既不需要努力学习，也不需要努力工作，总能有个让人嫉妒到尖叫的帅男友随时随地给自己当提款机。没有人会拒绝这样的美梦。只是有人清楚那是美梦，做白日梦能让自己放松一下，之后要继续学习、工作，继续提升自己。而另一些女孩儿从此把钓"金龟婿"当成了一生的事业，把所有的青春与人生都赌在了"嫁得好"上。

编剧不是白痴，他们太懂得观众的心理，那些明显不合逻辑的韩剧之所以有那么大市场，正是因为有着这样一群号称"脑残粉"的观众在痴迷其中。制片方一定是一边坐着点票子，一边嘲笑着这群傻妞们，她们既懒惰又无知，还爱做白日梦。

当然，男人也不例外。我每天会用三十分钟到一个小时的时间来浏览网站的新闻。这两年我发现一个现象，无论什么样的新闻，无论话题是否涉及情感、婚恋，在后面的评论中总是会出现一大批人，将新闻内容与现今的婚恋观扯在一起。

其中一大部分都是男性网友，他们抱怨最多的就是现如今的女人都太拜金。这些草根男，虽然品质优良但却没钱，得不到女性的青睐，就开始抱怨，说女人宁可给有钱人做玩物，也不肯低下头嫁一个贫穷但却爱她们的男人。

我真想不通，这些人有这时间在网上发牢骚，为什么不去做一些有意义的事？不只是女人，整个人类或这世上的所有物种基本上都是崇尚强者的，没有人会喜欢一个游手好闲，整天喝大酒、聊闲天，上班时间不好好做事却在网上牢骚满篇的人。

世上不乏拜金女，但更多的是和自己的爱人风雨同舟、同甘共苦的好女人。当一个男人在抱怨没有女人愿意陪他的时候，是否想过，自己的生活观念和心态是否积极，是否健康？他们有的只是满心阴暗，整天自以为是地去批评别人嫌贫爱富，却从未反过来审视一下自己。

首先，谁都希望自己的生活质量好，所以希冀富贵也不是什么不能接受的事；而且更重要的是，拥有更多财富的人，子女获得优质教育的机会也更大，那么，文化素养、气度胸怀、思想境界方面自然也会高于寻常人。

其次，一个生于寻常家庭的人，能通过自身的努力跻身于上层社会，成就一番事业，也就是所谓的"富一代"。这类人有着常人难以企及的精神毅力与强大的内心世界，这样的男人，叫女人如何不爱？除了爱钱，其实更爱的是那份强者的精神气度。

当对别人报以"上得厅堂，下得厨房，相夫教子，赚钱养家，孝敬公婆……"的期待时，自己是不是也应该在某一方面有一定成就，也做到一个好丈夫、好父亲、好女婿所应该做到的呢？

交什么样的朋友会影响一个人的生活轨迹与人生道路，但是交什么样的朋友很多时候并不是可以随意选择的。因为想要融入怎样的圈子，首先自己得有融入那个圈子的资本，这个资本可以是社会地位，可以是金钱，也可以是相当的学识；同时，还需要与之相当的精神状态。

汝非梧桐，何以引来凤凰。

当我们无法融入某个圈子的时候，不要着急报怨，人家其实真的不是什么"狗眼看人低"，那只是"话不投机半句多"而已，这时候最要紧的，是努力提升自己。

生活中有种种不如意时，最好先低头自省。

世界上所有可以长久的关系都需要并驾齐驱，这是人之常情。人生没有交集，能力相差悬殊，自然就不会有共同语言。一个残酷的现实告诉我们：其实，我们这一生能结交到什么样的朋友，找到怎样的爱人，都取决于我们自己，不仅要看我们有一颗什么样的心灵，还必须要看我们的才华与能力。没有别的路可走，这世界你想要的一切，都只能靠自己努力去争取。

与自己的良知对质

没有人生来就是勇敢的，勇敢并不是不害怕，而是要假装勇敢，并学会克服恐惧。

——纳尔逊·曼德拉

前几天的聚会上，有人提及拐卖妇女的话题。大家各抒己见，争论得很激烈，最后吵得不可开交。争论的核心是，如果发现周围有人买卖妇女，你会不会去报警？

一部分人认为这是理所应当的事，没有什么可争议的，一定会毫不犹豫地去报警。

另一部分人表示不会报警。花钱从人贩子手里买媳妇，这种事通常会发生在偏远山区，而这类人群一般都家境贫寒，甚至有些人还是身体残疾的，想要正常地恋爱、结婚几乎是不可能的。越是贫穷落后，人们传宗接代的观念就越强。也正因如此，才会有拐卖妇女的现象。

有人说：能发现那些事的，通常都是同村人，乡里乡亲的，抬头不见低头见。一报警就意味着两家人要撕破脸，被揭发的一方会天天上家里来闹事，要求赔钱。搞不好父母亲人还得挨打。万一遇上个泼皮滚刀肉，岂不是让全家人都跟着遭殃。我们年轻人可以外出，可年迈的父母怎么办？难道要任人欺负，任人蹂躏吗？我们于心何忍？

理由还不仅仅是这些，有更甚者，简直令人瞠目结舌。

一种理由是：贫穷落后的地区，人们一年的收入不过几千块钱，买媳妇几乎会花去整个家庭十多年的积蓄，甚至还会负债，万一有人报警，岂不人财两空？

又一种理由是：有很多被拐卖的女人，即使后来被警方解救也不愿意回家，可见买她们的人并没有虐待她们。尤其一些贫困地区的女人被拐卖，如果被卖到一个富裕的家庭，对她们来说也是件幸运的事，所以就更没有必要去报警了。

当时我就在旁边听着，感觉到万分震惊与痛心。我们可以怯懦，我们可以没有勇气去和那些犯罪行为做斗争，但不该同情人贩子。贫穷本无错，可他们买卖妇女是把她们当作生孩子的工具来使用的，是灭绝人伦的行为，没有几个女人会甘心被人当作牛马一般贩卖。在她们反抗的过程中就必然会伴随着暴力，强奸、殴打、监禁，甚至她们会被当作牛马一般戴上铁链……

所谓"仁善"的人，竟然会因为贫困而同情那些人贩子，难道他们没有看到那些坠入地狱般的女人吗？她们原本是自由的小鸟、娇嫩的花朵，却突然遭遇噩梦，一下子被打入地狱，孤独恐惧，求助无门。她们再也见不到自己的亲人，再也不能回到美丽的校园，甚至还有些已经生儿育女的人将再也见不到自己的孩子，从此骨肉分离，谁又来为她们主持公道？

前面的种种所谓"理由"只是让人痛心的话，甚至令人发指。贩卖人口原本就是践踏人权，是严重违法的犯罪行为。人都是独立的个体，每个人都有自主选择的权利，谁也没有资格去替别人做决定，更没有资格去把别人当成商品一样进行买卖。

说到这里我想起了一部电影。电影中的女主角刚刚大学毕业，由于急着赚钱贴补家用，就去外面打工，结果被别有用心的人骗到了贫困山区。一杯水入口，她便失去了意识，再醒来，已躺在一间破屋里，她的证件和所有东西都不在了，然后被告知她被卖在这家做媳妇了。

这样莫名其妙地给一个年过四十，丑陋、猥琐的男人当媳妇，女孩自然不愿意。她苦苦哀求，但那些人都是铁石心肠，叩头和眼泪根本打动不了他们。毕竟人家花了很多年的积蓄，又欠下不少外债，这才买下的她。

后来女孩儿开始想办法逃走，每次都是，没等她跑出村子就被全村的人围追堵截了，然后被抓回去，遭受毒打。最后买她的男人在父母的全力协助下强暴了她，那是世界上最残酷的事，那是彻骨之痛、锥心之辱。

她想过很多办法，跑去村委会找村支书，却被说成是家庭矛盾，最后被拒绝受理。她写了信请邮递员帮忙寄回家，但邮递员把信转手交给了买她的男人。她趁在河边洗衣服的时机翻越大山，终于跑到了公路上。但她没钱，过路的车都不肯载她，最终追赶而来的村民将她扔上三轮车，又拉回了村里，她再次被打。他们指着一个瘸腿的女人告诉她：那就是逃跑的下场。

第三次出逃，她终于跑到了镇上，坐上了长途客车，结果依然被村民们的三轮车拦住。她知道被抓回去一定会遭受毒打，所以跪着求司机不要开车门。村民给司机发了一根烟，他就乖乖地开了门。女孩儿被抓着头发拎下车，遭受着毒打，满车满路的人，没有一个伸出援手。他们都是同一地区的人，那种情况他们早已见怪不怪了。

女孩儿还向村里唯一的老师求助过，她觉得老师是有知识、有文化的人，不会和那些愚昧的村民一样，可最后她依然遭受了欺骗与背叛。

在每一次惊心动魄的逃离中，她的无助，她的绝望，仿佛都能穿透银屏，让坐在电脑前的我感同身受。

她每一次都抱着希望，得到的却都是失望。明媚的眼神在一天天地暗淡下去，一天天地失去希望，直到心如死灰……

后来，有一天，村里的一位初中生偷偷帮她往家里寄了信，家人这才带着警察找上门来，她才终于逃离火坑。

他也是偷偷摸摸地，特地跑到镇上寄了信。因为一旦被人发现，他不只是要遭受父母的责打，恐怕他一家人都会被村民们打死。

生活中，英雄永远是凤毛麟角，绝大多数人都很普通。很多时候我们不敢和邪恶做斗争，因为我们害怕，怕将来被人家报复，怕我们的父母妻儿受到牵连，怕被坏人刺伤了进不起医院，也怕万一不留神失手把坏人打伤或打死了赔不起……

我们总是顾虑太多，我们牵绊太多。见义勇为当然是美德，可那毕竟不是可以强制要求的。

但是，我们至少不该为那些犯罪分子们去辩解，更不应该助纣为虐。

无论是贫困，还是其他因素，都不应该触及人类的尊严和生命财产的安全，不能触及自由的底线。

我可以谅解怯懦，但决不容忍邪恶。

如果发出声音是危险的，那就保持沉默，但不能因为习惯了黑暗就为黑暗辩护，更不能为自己的苟且而得意洋洋。

无论外界如何左右你的心智，你都要有自己的坚持，这世界上的美好都是要靠勇敢、坚持的人不断地去创造，去保护。如果不够勇敢，至少你要心存善意，是非分明。也许我们永远都只能做一个普通的"大多数"，可我们至少要对得起自己的良知，不能愧对每一份善良。

你要努力，但不要着急

勇敢是，当你还未开始就已知道自己会输，可你依然要去做，而且无论如何都要把它坚持到底。

——哈珀·李

我最近突然变得嘴馋起来，时时刻刻都想吃。可能是生理原因，流失掉的能量太多，身体急需补充营养。

就在我饿得团团转却又不想出去吃饭的时候，电脑上突然出现了"可乐鸡翅"四个字，厨艺仅止于煮稀饭、拍黄瓜的水平，我居然摩拳擦掌。

从冰箱里拿出一袋鸡翅，大约有十多个的样子，我迅速将尚未解冻的鸡翅倒进开水里煮。

去掉血水后捞出来，往锅里倒油，油热后把鸡翅扔进去，按照百度里搜来的菜谱，待到鸡翅表层焦黄后倒入可乐。看着色相俱佳的鸡翅，我立刻垂涎三尺，恨不得马上就能吃到它，我把火开到最大，结果……

结果就炸开了锅，像过节放鞭炮一样，锅里的油噼里啪啦地响着，厨房已然变成了战场。我见事不好立刻从厨房落荒而逃，手和胳膊被烫了一大片。

我跑去用凉水冲受伤的部位，一边冲，一边想：等我收拾完残局，香喷喷、油亮亮的可乐鸡翅就该完工了。

结果当然不会像我想的那么好，放进去的鸡翅早就变成一锅黑炭，怪自己太笨，简直是笨得要命。

我想弄明白究竟是错在哪儿了，就跑去向一位烧烤师傅请教。他说："你太心急了。首先鸡翅解冻煮掉血水后，得用刀拉开一些小口。然后用各种调味料腌制，至少半小时，时间长点更好。腌制入味后才好下油锅，而煎炸不是炒菜，火还是小一点的好，尤其倒入可乐后，油见了水，火太大，油温过高，可不就炸开了吗？照你这个做法，活该弄出一锅黑炭来……"

再后来师傅又说了什么我已记不清了，只记得他说，我心太急，那种急于求成的心态，让本该色香味俱全的可乐鸡翅变成了一锅黑炭。事情虽小可道理却很有用。没有什么是可以速成的，就连做饭这样的小事也同样如此。

我们走在街上，常看到"速成班"这类招牌。不分学科，不分职业，每天打开电脑，网站上到处都打着广告：快速减肥，一周瘦十斤；英语速成，零基础一个月口语流利……

到处都在说快，处处都在强调速度，提前半年甚至一年竣工的工程，看顺眼就闪婚，凭着天马行空的想象写出小说来，各种养殖业无限度使用催长激素，快……快……快……到处都在强调一个"快"字。

效率是在最有限的时间内达到最大限度的成效，理论上是这样，实际出来的东西含金量却很低。

减肥也是如此，绝大多数女人一生都在和赘肉做着艰苦卓绝的斗争。虽然有决心，但是很急迫，一些商家就看到了商机，端出一些减肥速成产品，然后再请几个专家来忽悠人。在急于速成的心理作用下，女人们纷纷上当受骗。

老话讲"欲速则不达"，这五个字简直是至理名言，简单却很少有人真正做得到。

冰冻三尺非一日之寒，滴水石穿非一日之功。一门精湛的技艺需要多年的历练才能达到。学问也好，技能也罢，都是需要长期实践和积累才会学有所成的。

所谓的速成培训都只在浅显的表面上做文章，那样学到的东西也许可以唬住面试官或考核人员，但在以后的工作中一定会漏出破绽。如同一件道具，拿去当摆设可以，长久使用是不可能的。

现在网络上充斥着各种速成小说，其中有多少是真文学？有营养、有深度的文学作品几乎见不到。不用说大家也都清楚，用剪刀剪开的蛹，岂能成蝶？

三十年著成《本草纲目》，二十年写成《史记》，十年才得《红楼梦》，真正的精华都要历经磨难，一指一痕，经过岁月打磨，时光冲刷，方显金石本色。

用简易建材搭建一座板房只需几个小时，用砖瓦水泥筑一座平房却需数月，同样是盖房子，使用年限和抗击风雨的能力却是一个地下，一个天上。

竹子要用五年甚至更多的时间扎根，然后向上生长。麦苗玉米倒是发芽快，用手轻轻一拔，就失去了生命。

有了坚实的基础，才能有勇气登高。所以，要忍受寂寞的考验，走好当下的每一步，脚步踩得越瓷实，基础就越深厚，上升得才能更稳。

就像我做可乐鸡翅，应当用更多的时间去腌制入味，应当用小火慢煎。满心焦急，一味大火猛烧，得来的就是一锅泛着焦苦味的不明物。小事如此，大事更需隐忍，忍耐岁月的考验，守得住寂寞才配得上繁华。

你以为的善良，有时候只是伤害

有时，爱也是种伤害。残忍的人，选择伤害别人；善良的人，选择伤害自己。

——郭敬明

前不久我自己开了一间小店，现在我的大部分时间，都用来打理小店的生意。

门店地处城乡接合部，往来的散客多是低收入人群，向来喜欢讨价还价。他们常挂嘴边的话是："我每天都在你店里买东西，你得给我算便宜点。"

零售行业的利润本来就微薄，甚至都不如在外面打工的人赚得多。更何况我还得付大笔的房租，除此之外还需要支付运输成本、人工成本以及仓储的维护费用。这些钱，都是需要我一点点挣出来的。哪行哪业都是各有生存之道，都不容易。

我店里大部分都是最常见的生活用品，价格都在几块或者几十块上下，这些东西的利润并不高。客人总是这个让便宜一两元，那个让便宜个三五元，结账时还要抹个零头。如此算来，我是必亏无疑。

有些客人会非常直接地跟我说："这个东西你们进货价才五元，你五元卖给我算了嘛，咱们这么熟，你居然还要赚我的钱？"

这些人、这些话总是让我很无语，以成本价出售本身就意味着我会亏本。做生意也需要成本费用，他们只考虑自己的利益，没有想我的死活。他们总是恨不得我白给他们，别人吃了亏，他们就占到了便宜。

可事实真的是这样吗？

我们常看到一些店铺或街边小摊打着"亏本甩卖"的牌子来招揽顾客，仔细想想"亏本甩卖"基本上都是在撒谎。商人经商的初衷就是为了赚钱，经商与上班族在本质上是相似的，让商人做赔本生意就如同让上班族倒交钱给公司，道理是一样的，换谁谁肯？

这种只要稍加思考就能明白的事，为什么人们还愿意去相信呢？

因为商家早就看透了消费者的心理——"让你吃了亏，那么我就一定占到了便宜"。

我们在逛超市的时候，经常看到打折促销的活动。平时很贵的东西，打折期间就像白捡，人多半很难禁得住"实惠"的诱惑，甭管用得上用不上先买来再说，即使现在用不上，将来也会用上。买回来以后才发现，大部分都是非必需品。买不买都没有多大影响，而且买来的也用处不大。看上去是在捡便宜，实际上是被商家忽悠了。

当一件产品或者食物在低于正常市场价出售时，一定是有原因的。要么是质量不过关，要么是水货，要么是过期食品……

几年前我在一家"两元店"里买过一个插线板，比正品便宜很多，结果使用当天，就着火了，差点酿成大祸。要知道，一场火灾造成的损失，远比插线板所省下的钱要多。

就在我写这篇文章的时候，我妈打来电话，说外面宣传：在某储蓄银行存六千元定期存款就给送一个苹果手机。妹妹正想着去存钱呢。

虽然是正规银行，被普遍认为不会出什么问题。可我却认为，还是不要想去占那个便宜。银行不会无缘无故做这种赔本的事，看上去是天上掉馅饼，里面肯定得藏着钓钩。

"一个苹果手机四五千块钱，你存六千就想换个手机，银行还得给你发利率，到期了我们再取回本金，银行岂不是没有获得任何好处？"

妈妈听了我的话，赶紧阻止妹妹。后来妹妹在银行确认了信息的真实性，银行要求每月必须消费三百元以上话费，如不满三百元，通信公司也会从费用里照扣三百。

试想，一个手机就算五千元，一个月三百的话费，银行一年多就赚回去了。没有业务需要的人，每月根本用不完那么多话费，到头来吃亏的还是用户。

我认识一位做食品生意的老板，他一直想给某大企业的食堂供货，得知我认识那家企业的负责人，就让我牵线请人家出来吃饭。

其实我与那个老板没有过多接触过，也不知他人品的好坏，以至于后来让自己颜面尽失。那位老板是个好色之徒，饭局上竟然对服务员动手动脚，占尽便宜。

饭店服务员，尤其是长得漂亮的女孩儿，常处于弱势地位，通常都敢怒不敢言。她们经常被人欺负，只要不是太过分，她们就选择忍气吞声。那些好色之徒凭这一点经常占人家便宜，觉得这不是什么大不了的事。

我当时觉得很尴尬，可那位负责人没有流露半点厌恶的神情，我见此也只好当作没看见。

饭吃到一半时,负责人接了个电话,起身去前台把账结了,然后打电话告诉我他有事先离开了。他告诫我以后离那种人远点,更不要再介绍那种人给他认识。

事后,我不但远离了那位人品低劣的老板,连生意上的往来也断了。每个人都需要为生活辛苦奔波,为何一定要看着别人吃点亏自己才开心呢?世上没有几个蠢人,哪有那么多便宜可占?

让别人吃亏,自己也不一定占到便宜。人们常说吃亏是福气,确实是有一定道理的。你要相信,任何人的便宜都不是好占的,想要从别人那里赚点什么,终归是要付出一定的代价的。

不后悔，走下去，就是对的

从一个城市到另一个城市，只有靠自己努力。学会长大，学会承受，学会哭过之后，还可以微笑地拥抱爸爸妈妈。

——宫崎骏

有这样一位亲戚，她嘴上常说一句话：我笨嘛，做不了这个，你来帮我做。要不然，你让某某去做这件事吧。

一个人不可能无所不能，要让一个人掌握所有的技艺未免有些强人所难。可她却把笨拙和无能变成了理直气壮地依赖别人的借口。她从来不去想，别人的能干也是别人耗费心血学来的。

别人没有义务代替你去承担义务。人生而独立，除非你完全没有自理能力，父母会无偿地照顾你，除此之外，没有任何借口可以无偿地享受馈赠。

这位亲戚让我想起了另一些事。某些贫困山区的孩子,经常会收到慈善机构或志愿者的馈赠。久而久之,他们会把这种援助视作理所应当,不劳而获的生活造成了他们不愿脱贫的思想。

我曾经去给贫困山区发放过救援物资,看着姑娘们尽情挑拣着自己喜欢的衣服,老人、孩子在开心地吃着救援物品。这些物资很快就会被消耗殆尽,然后他们又会重新陷入困苦的生活。他们一年到头,只等着援助组织的到来,以图得一时的温饱,从来不去想,怎么能利用自己的努力和当地的资源去创造属于自己的财富。

一个地区也好,一个独立的个人也罢,站起来总是需要自己努力的。得到援助的时候,就应该抓住机会想办法脱离困境,而不是把别人的慈善当成天经地义,当成喂养自己的母乳,那叫贪婪。贫穷的贪婪、懒惰的贪婪,甚至是阴险的贪婪。

不要总归因于生态环境。天生万物然后生人,自然界本身就给予了人类最大范围的馈赠,只在于你是不是肯付出劳动去获取。

新疆干旱缺水,但他们的葡萄干闻名天下;内蒙古遍地是草,草原上的牛羊肉和皮革深受全国人民欢迎;西北黄土高原一年只刮一场风,从上半年刮到下半年,干旱的时候井深千米才能取到水,但大自然却给予了深厚的黄土层,这里盛产小麦、糜子、谷子、高粱、玉米和豆类等。

父母给了我们生命、大脑和四肢，大自然给予了我们一切可以生存的资源，为什么还要处处向他人示弱，向他人乞怜呢?

即使是残疾人，身残志坚的例子也是数不胜数，更不用说国家对残疾人还是有福利政策的。

不要以年老为借口。我外公、外婆今年都七十多岁了，两人都患有高血压。他们每年种玉米、种小麦、种土豆，还打理着一大片果园。晚辈们是不是忍心让老人如此辛苦，先不提，外公、外婆这样做让人看到的是一种"生命不止，劳作不息"的人生态度。

家里的儿女孝顺，老人总是会竭尽全力地为儿女减轻负担;儿女若不孝顺，老人自力更生同样可以生存下去。

很多年前，我看到过一位朋友写的文章。她说:人，不需要搀扶，因为世界上第一个直立行走的人并没有得到谁的搀扶。

生活中的普通人总是居多的，没有谁能够全才全能，要不断地努力学习，完善自己，才能不落后于这个时代。你不会治病，不会盖房子，不会打官司，社会中有医生、建筑师、律师，他们会帮你，但是，你要付出报酬。别人不亏欠你什么。

每个人都有自己的世界、自己的心思。即使是再热心的人，你无限期地去叨扰人家，他也会感到厌烦，也许弄到最后连朋友都没得做。

外在的帮助永远只是救急，远水解不了近渴，要想使自己真正地强大起来，还得靠自身的努力。依赖会使你走向衰弱，只有向内寻求力量，你才能突破局限。从自己狭隘的世界中走出去。

有一句话说：如果你向神求助，说明你相信神的能力；如果神没有帮助你，说明神相信你的能力。遇到困难时不妨告诉自己，那些看起来很难解决的问题，恰是让自己提高的契机。

在逆境中抓住机遇，在绝境中创造奇迹。生命如流水，只有在他的急流与奔向前去的时候，才美丽，才有意义。人来到这个世界，都有着各自的使命，我们没有资格总去要求别人为我们服务。命运都掌握在自己手中，与其低三下四地求人帮忙，不如依靠自己的能量排除万难，创造生命的奇迹。